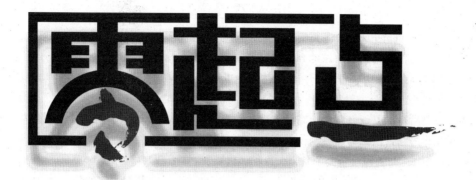

Flash CS3动画制作
培训教程

卓越科技　编著

电子工业出版社

Publishing House of Electronics Industry

北京·BEIJING

内 容 简 介

本书主要讲解 Flash 软件的使用方法，全书采用知识讲解、典型案例、上机练习、疑难解答、课后练习的结构由浅入深地介绍了制作 Flash 动画的方法。

全书共 11 章，主要讲解了 Flash CS3 入门、绘制与填充矢量图、文本应用与图形编辑、素材与元件应用、基本动画制作、特殊动画制作、ActionScript 脚本应用基础、ActionScript 脚本应用进阶、交互组件应用、动画测试与发布等内容。通过学习本书，可以掌握各类 Flash 动画的制作方法，从而为网站制作 Flash 动画，如 Banner、按钮、广告和片头等。另外，还可以直接使用 Flash 制作出精美的贺卡、Flash MTV 及 Flash 游戏等。

本书定位于初、中级 Flash 动画设计人员，可供培训学校及专业院校作为 Flash 动画制作课程的教材和参考资料使用。

图书在版编目（CIP）数据

Flash CS3 动画制作培训教程 / 卓越科技编著.—北京：电子工业出版社，2009.4

（零起点）

ISBN 978-7-121-08296-2

Ⅰ.F… Ⅱ.卓… Ⅲ.动画－设计－图形软件，Flash CS3－教材 Ⅳ.TP391.41

中国版本图书馆 CIP 数据核字（2009）第 020798 号

责任编辑：牛晓丽

印　　刷：北京市天竺颖华印刷厂

装　　订：三河市鑫金马印装有限公司

出版发行：电子工业出版社

　　　　　北京市海淀区万寿路 173 信箱　　邮编：100036

开　本：787×1092　　　1/16　　　印张：17.5　　　字数：448 千字

印　次：2009 年 4 月第 1 次印刷

定　价：33.00 元

凡所购买电子工业出版社图书有缺损问题，请向购买书店调换。若书店售缺，请与本社发行部联系，联系及邮购电话：（010）88254888。

质量投诉请发邮件至 zlts@phei.com.cn，盗版侵权举报请发邮件到 dbqq@phei.com.cn。

服务热线：（010）88258888。

Foreword | 前 言
Qianyan

动画制作是一个新兴的行业。动画包括二维动画与三维动画，制作三维动画主要使用 3ds Max 和 Maya 等软件，而制作二维动画使用最多的是 Flash 软件。由 Adobe 出品的 Flash CS3 是目前最常用的 Flash 动画制作软件，通过它可以制作出网站上需要的各种动画，如 Flash 按钮、Flash Banner、Flash Logo、Flash 广告及 Flash 片头等；通过它还可以制作 Flash 贺卡、Flash MTV 及 Flash 游戏等；除此之外，目前比较流行的电子杂志中也有许多是使用 Flash 制作的。

本书定位

本书定位于 Flash 的初学者，从 Flash 动画初学者的角度出发，合理安排知识点，并结合大量实例进行讲解，让读者在最短的时间内掌握最有用的知识，迅速成为动画制作高手。本书特别适合各类培训学校、大专院校和中职中专作为相关课程的教材使用，也可供动画制作的初中级用户、网页动画制作人员和各行各业需要制作动画的人员作为参考书使用。

本书主要内容

本书共 11 课，从内容上可分为 7 部分，各部分主要内容如下。

➢ **第 1 部分（第 1 课）**：主要讲解 Flash CS3 的基础知识、软件界面的设置、动画文档的管理以及设置动画制作环境的操作方法。

➢ **第 2 部分（第 2 课和第 3 课）**：主要讲解 Flash CS3 中图形绘制工具、图形编辑工具和文本工具的基本应用，包括铅笔工具、刷子工具、颜料桶工具及任意变形工具等。

➢ **第 3 部分（第 4~6 课）**：主要讲解 Flash CS3 中素材和元件的应用以及制作基本动画和特殊动画等知识。

➢ **第 4 部分（第 7 课和第 8 课）**：主要讲解 Flash CS3 中 ActionScript 脚本的应用，包括场景/帧控制语句、影片剪辑控制语句、循环/条件控制语句和浏览器/网络控制语句等知识。

➢ **第 5 部分（第 9 课）**：主要讲解 Flash CS3 中常用交互组件的基本应用，包括常用组件介绍、设置组件参数的方法以及组件检查器等知识。

➢ **第 6 部分（第 10 课）**：主要讲解 Flash CS3 动画测试和发布的相关知识。

➢ **第 7 部分（第 11 课）**：通过制作一个网站片头综合实例，让读者巩固全书所学的知识，并学习制作大型商业 Flash 作品的方法。

本书特点

本书从计算机基础教学实际出发，设计了一个"**本课目标+知识讲解+上机练习+疑难解答+课后练习**"的教学结构，每课均按此结构编写。该结构各板块的编写原则如下。

➢ **本课目标**：包括本课要点、具体要求和本课导读 3 个栏目。"本课要点"列出本课的重要知识点，"具体要求"列出对读者的学习建议，"本课导读"描述本课将讲解的

内容在全书中的地位以及在实际应用中有何作用。

- ➤ **知识讲解：** 为教师授课而设置，其中每个二级标题下分为知识讲解和典型案例两部分。"知识讲解"讲解本节涉及的各知识点，"典型案例"结合知识讲解部分内容设置相应上机示例，对本课重点、难点内容进行深入练习。
- ➤ **上机练习：** 为上机课时设置，包括2～3个上机练习题，各练习题难度基本保持逐步加深的趋势，并给出各题最终效果或结果、制作思路及步骤提示。
- ➤ **疑难解答：** 将学习本课的过程中读者可能会遇到的常见问题，以一问一答的形式体现出来，解答读者可能产生的疑问，使其进一步提高。
- ➤ **课后练习：** 为进一步巩固本课知识而设置，包括选择题、问答题和上机题几种题型，各题目与本课内容密切相关。

本书约定

本书对图中的某些对象加注了说明文字，有的还对图标注了使用步骤，这些步骤与正文中的步骤没有对应关系，只是说明当前图所对应的操作顺序。

连续的命令执行（级联菜单）采用了类似"【开始】→【所有程序】→【附件】→【写字板】"的方式，表示先单击【开始】按钮，打开【所有程序】菜单，再展开【附件】子菜单，最后选择【写字板】命令。

除此之外，知识讲解过程中还穿插了"注意"、"说明"和"技巧"等几个小栏目。"注意"用于提醒读者需要特别关注的知识，"说明"用于正文知识的进一步延伸或解释为什么要进行本步操作（即本步操作的目的），"技巧"则用于指点捷径。

图书资源文件

对于免费提供的电子教案和讲解过程中涉及的资源文件（素材文件与效果图等），请访问"华信卓越"公司网站（www.hxex.cn）的"资源下载"栏目查找并下载。

本书作者

本书的作者均已从事计算机教学及相关工作多年，拥有丰富的教学经验和实践经验，并已编写出版过多本计算机相关书籍。我们相信，一流的作者奉献给读者的将是一流的图书。

本书由卓越科技组稿并审校，由李洪主编。由于作者水平有限，书中疏漏和不足之处在所难免，恳请广大读者及专家不吝赐教。

目　　录

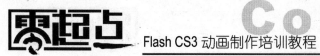

第1课
Flash CS3 入门

本课要点

- 设置 Flash CS3 工作界面
- 管理 Flash CS3 文档
- 设置 Flash CS3 动画制作环境

具体要求

- 了解 Flash CS3 的应用领域
- 认识 Flash CS3 的基本界面并掌握设置工作界面的方法
- 掌握在 Flash CS3 中管理动画文档的基本操作
- 掌握设置动画制作环境的基本操作

本课导读

Flash 是目前功能最强大的矢量动画制作软件之一，利用 Flash 制作的动画作品被广泛应用于网页广告、动画 MTV 以及网站片头等方面。在学习 Flash CS3 的过程中，首先需要对 Flash CS3 的工作界面有所了解，并掌握文档管理以及设置动画制作环境等基本操作，为以后的学习做好必要的准备。

- 了解 Flash 的应用领域：网页广告、动画短片、二维片头和交互游戏等。
- 认识 Flash CS3 的基本界面：了解界面的组成部分，掌握设置工作界面的基本操作。
- 管理 Flash 文档：新建文档、打开文档、保存文档和关闭文档。
- 设置动画制作环境：设置场景尺寸，设置背景颜色，创建场景，调节场景显示比例，设置标尺、网格和辅助线。

1.1 认识 Flash CS3

在正式学习 Flash CS3 之前，首先需要对 Flash CS3 的基本概念以及应用领域等知识进行了解。

1.1.1 知识讲解

为了对 Flash CS3 有一个更全面的了解，下面分别对 Flash CS3 的基本概念、应用领域、学习方法以及启动和退出的方法进行简单的介绍。

1. 什么是 Flash CS3

Flash 是美国 Adobe 公司出品的专业矢量图形编辑和动画创作软件，主要用于网页设计和多媒体创作。利用 Flash 自带的矢量图绘制功能，并结合图片、声音以及视频等素材的应用，可以制作出精美、流畅的二维动画效果。通过为动画添加 ActionScript 脚本，还能使其实现特定的交互功能。此外，Flash 动画还具有以流媒体的形式进行播放以及文件短小等特点，因此用 Flash 制作的作品非常适合通过网络发布和传播。近年来，随着软件功能的不断升级与改进，也使得 Flash 被越来越多地应用到更多的领域中。Adobe 公司在以前 Flash 版本的基础上推出了功能更为完善的 Flash Professional 9，即 Flash CS3。该版本一经推出，即被众多 Flash 专业制作人员和动画爱好者广泛采用。

2. 使用 Flash CS3 可以做什么

利用 Flash CS3 制作的动画作品风格各异、种类繁多，以作品目的和应用领域来划分，可将其归纳为以下几个方面。

- 动画短片：Flash CS3 具有强大的矢量绘图功能，并对位图有着良好的支持，利用 Flash CS3 制作的二维动画短片作品不但表现形式多样、画面华丽，而且非常适合网络环境下的传输，Flash 动画短片中最具代表性的作品主要有搞笑短片、MTV 和音乐贺卡等，如图 1.1 所示。

图 1.1 动画短片作品

- 网页广告：Flash CS3 支持文字、图片、声音以及视频素材，并能将这些素材与矢

量动画完美结合,使得利用 Flash CS3 制作的广告动画作品能够清楚地表现出广告主题,并具有文件短小、精悍以及画面表现力强等特点,如图 1.2 所示。

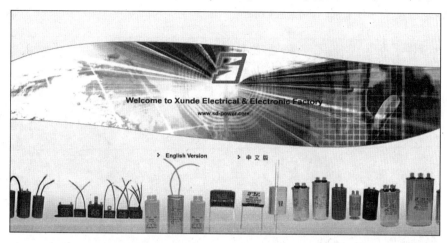

图 1.2　网页广告作品

● **动态网页**: 相对于普通网页,利用 Flash CS3 制作的动态网页(如图 1.3 所示)的交互功能、画面表现力以及对音效的支持都更胜一筹。

图 1.3　动态网页作品

● **交互游戏**: Flash CS3 具有丰富的媒体功能和强大的交互性,可以轻松地制作出精美耐玩的交互游戏作品,如图 1.4 所示。

● **多媒体教学**: 除了在上述几个领域中被广泛采用外,Flash 在多媒体教学领域也发

挥着重要的作用。利用 Flash 制作的多媒体教学课件凭借其强大的媒体支持功能、丰富的表现手段以及良好的教学效果，得到了众多教师和学生的认同，越来越多地在教学中被采用，如图 1.5 所示。

图 1.4　交互游戏作品　　　　　图 1.5　多媒体教学课件作品

3．怎样学好 Flash CS3

采用正确的学习方法，可以节约时间，提高效率。为了能更合理、更快速地学好 Flash CS3，下面介绍几点学习 Flash CS3 的基本方法，供初学者参考。

● **打好基础**：在学习 Flash CS3 时，应重视对 Flash CS3 基本操作和功能的学习，不要一味求快，应在熟练掌握基础知识后再学习其他较为深入的内容，为以后的学习打下牢固的基础。

● **通过实践练习**：在熟练掌握基本操作后，可试着利用所学知识制作一些简单的动画作品，通过实际演练来逐步提高自身的动画制作水平。

● **注意观察和思考**：除了通过制作实例来练习外，还可下载一些优秀 Flash 作品的源文件或反复观摩精典的动画作品，通过仔细观察和认真思考，分析其制作者所使用的技巧和手段，然后将学到的这些知识应用于自己的作品中。

● **交流和学习**：除了上述几点，还可通过与身边的 Flash 爱好者相互学习以及访问一些知名的 Flash 网站和论坛（如 www.flash9.net）与广大的 Flash 爱好者一起交流和探讨，从而提高自身的动画制作水平。

4．Flash CS3 的启动与退出

在安装并使用正确的序列号注册 Flash CS3 之后，即可正式使用该软件。下面就对启动和退出 Flash CS3 的几种常用方法进行介绍。

1）启动 Flash CS3

启动 Flash CS3 主要有以下 3 种方式：

● 在 Windows 桌面上选择【开始】→【所有程序】→【Adobe Design Premium CS3】→【Adobe Flash CS3 Professional】命令，启动 Flash CS3。

● 双击 Windows 桌面上的【Adobe Flash CS3 Professional】快捷方式图标，启动 Flash CS3。

- 通过打开一个 Flash CS3 动画文档来启动 Flash CS3。

2）退出 Flash CS3

退出 Flash CS3 主要有以下 3 种方式：

- 在 Flash CS3 中选择【文件】→【退出】命令，退出 Flash CS3。
- 在 Flash CS3 中按【Ctrl+Q】组合键，退出 Flash CS3。
- 单击 Flash CS3 主界面右上角的❌按钮，退出 Flash CS3。

1.1.2　典型案例——启动 Flash CS3

【案例目标】

本案例将通过在【开始】菜单中选择命令的方式启动 Flash CS3。通过本案例的练习，读者应掌握启动 Flash CS3 的基本方法。

操作思路：

（1）在【开始】菜单中选择 Flash CS3 的启动项，启动 Flash CS3。
（2）在 Flash CS3 启动的过程中选择要执行的相关操作，进入 Flash CS3 主界面。

【操作步骤】

启动 Flash CS3 的具体操作步骤如下：

（1）在 Windows 桌面上选择【开始】→【所有程序】→【Adobe Design Premium CS3】→【Adobe Flash CS3 Professional】命令，启动 Flash CS3。此时，桌面上将弹出 Flash CS3 的启动界面，该界面中显示了 Flash CS3 的版本、版权以及正在加载的项目等信息，如图 1.6 所示。

图 1.6　Flash CS3 的启动界面

（2）当所有项目加载完毕之后，系统将打开 Flash CS3 的界面窗口，出现如图 1.7 所示的起始页，其中显示了【打开最近的项目】、【新建】以及【从模板创建】栏，各栏中提供了相应的操作选项，单击某一个选项即可进入相关的项目界面。

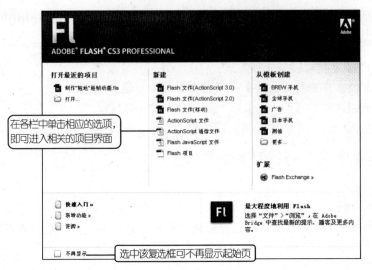

图 1.7 起始页

注意： 通过选中左下角的 ☑ 不再显示 复选框，可使 Flash CS3 在下次启动时不再显示起始页。

（3）单击【新建】栏中的【Flash 文件（ActionScirpt 3.0）】选项，新建一个 Flash CS3 空白文档，即可进入 Flash CS3 的工作界面，完成 Flash CS3 的启动。

案例小结

本案例练习了启动 Flash CS3 以及新建 Flash 文档的操作。通过本案例，读者可了解并掌握启动 Flash CS3 的基本操作。本案例中只列举了 Flash CS3 常用启动方法中的一种，读者还可试着通过其他两种方法来启动 Flash CS3，并尝试在起始页中选择不同的项目选项，然后对比各选项之间的具体区别，为后面的学习做好准备。

1.2 Flash CS3 界面设置

在学习了 Flash CS3 的启动方法后，本节将对 Flash CS3 界面的相关内容进行讲解。

1.2.1 知识讲解

在启动 Flash CS3 之后，即可进入 Flash CS3 的相关界面，下面就对 Flash CS3 的基本界面、默认的界面组件以及设置工作界面的方法进行讲解。

1. Flash CS3 工作界面

在启动 Flash CS3 后，将进入 Flash CS3 的基本界面（即默认的工作界面）。该界面主要由标题栏、菜单栏、【绘图】工具栏、场景、【时间轴】面板、【属性】面板、【颜色】面板以及【库】面板等部分组成，如图 1.8 所示。

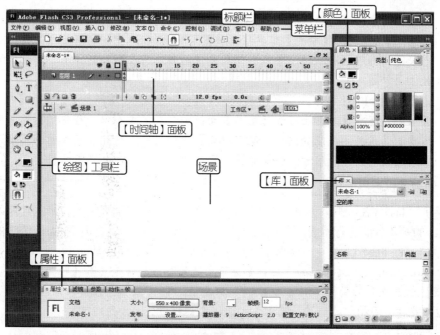

图 1.8　Flash CS3 的基本界面

2. Flash CS3 工作界面的组件

Flash CS3 工作界面的各主要组件及其大致功能如下。

● **标题栏**: Flash CS3 基本界面中的标题栏位于最上方,主要用于显示软件名称和当前文档名称等信息,可通过单击标题栏右侧的 ▬ ▣ ✕ 按钮对 Flash CS3 界面进行最小化、还原(最大化)以及关闭等操作。

● **菜单栏**: Flash CS3 基本界面中的菜单栏位于标题栏的下方,菜单栏中包括【文件】、【编辑】、【视图】、【插入】、【修改】、【文本】、【命令】、【控制】、【调试】、【窗口】和【帮助】等菜单,在制作 Flash 动画时,通过执行相应菜单中的命令,即可实现特定的操作。

● **【时间轴】面板**:【时间轴】面板用于创建动画和控制动画的播放进程。【时间轴】面板左侧为图层区,该区域用于控制和管理动画中的图层;右侧为帧控制区,由播放指针、帧、时间轴标尺以及时间轴视图等部分组成,如图 1.9 所示。

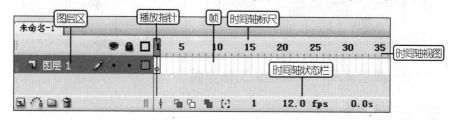

图 1.9　【时间轴】面板

● **场景**: 场景是 Flash CS3 进行创作的主要区域,无论绘制图形,还是编辑动画,都需要在该区域中进行。场景主要由舞台(场景中的白色区域)和工作区(舞台周围的灰色区域)组成,在最终动画中只显示放置在舞台中的图形对象,工作区中

的图形对象将不会显示。

- 【绘图】工具栏：【绘图】工具栏中放置了 Flash CS3 中的所有绘图工具，主要用于矢量图的绘制和编辑。各工具的具体使用方法将在后面的章节中详细讲解，在此不再赘述。

- 常用面板：Flash CS3 中的常用面板除了【属性】面板、【颜色】面板和【动作-帧】面板外，还有【库】面板和【信息】面板等。在动画制作过程中，制作者可根据需要打开或关闭相应的面板，从而对场景中的对象进行相应的编辑和属性设置。常用面板的具体使用方法将在后面的章节中陆续讲解，在此不再赘述。

3. 改变并保存界面布局

在利用 Flash CS3 制作动画的过程中，有时会因为制作的需要或制作者的使用习惯对 Flash CS3 的基本界面进行相应的更改，并将其保存下来，此时就会用到 Flash CS3 的自定义界面功能。在 Flash CS3 中，改变并保存界面布局的具体操作步骤如下：

（1）在 Flash CS3 菜单栏的【窗口】菜单中选择相应的命令（如【行为】命令），在工作界面上打开相应的面板。

（2）若要关闭相应的面板，只需单击面板名称栏中的 ⊠ 按钮即可。

> **技巧：** 如果暂时不使用面板，可单击面板名称栏中的 ⊟ 按钮将面板最小化。在面板最小化时，单击面板名称栏中的 ⊟ 按钮则可将面板恢复到原大小。另外，【窗口】菜单中列出了各面板的快捷键，用户也可通过按相应的快捷键来快速打开对应的面板。

（3）要改变面板或界面组件的位置，只需将鼠标移动到面板或界面组件的名称栏中，按住鼠标左键并拖动鼠标，即可改变面板或界面组件在主界面中的位置。

（4）在打开相应的面板并调整面板和界面组件的位置后，选择【窗口】→【工作区布局】→【保存当前】命令，系统将打开【保存工作区布局】对话框，在该对话框中为当前工作界面命名，然后单击 确定 按钮（如图 1.10 所示），即可保存当前工作界面，并将其设置为 Flash CS3 启动时的默认工作界面。

> **注意：** 若要将工作界面恢复为 Flash CS3 的基本界面，只需选择【窗口】→【工作区】→【工作区布局】→【默认】命令即可。通过选择【窗口】→【工作区】→【工作区布局】→【管理】命令，还可在打开的【管理工作区布局】对话框中对保存的工作界面进行重命名和删除操作。

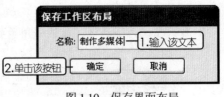

图 1.10　保存界面布局

1.2.2　典型案例——自定义工作界面

案例目标

本案例将通过对 Flash CS3 的基本界面进行调整定制出具有个人风格的自定义工作界面。通过本案例的练习，读者可熟悉并掌握在 Flash CS3 中设置并保存工作界面的基本方法。

设置后的工作界面效果如图 1.11 所示。

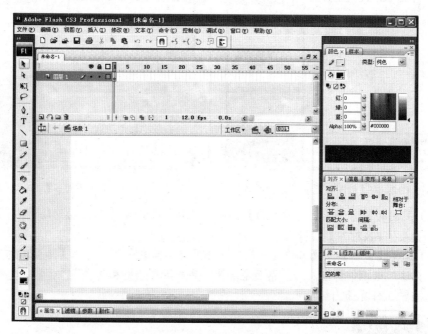

图 1.11　自定义的工作界面

操作思路：
（1）在 Flash CS3 基本界面中的【绘图】工具栏上单击 按钮，将该工具栏缩小。
（2）在【窗口】菜单中选择相应命令，打开所需的面板。
（3）将打开的面板依次拖动到主界面的右侧，并将【属性】面板最小化。
（4）设置好界面后，将其保存为名为"动画短片专用界面"的界面布局。

操作步骤

根据操作思路打开面板，并将其放到预定位置，然后进行保存。具体操作步骤如下：
（1）在 Flash CS3 基本界面中，将鼠标光标移动到【绘图】工具栏上，单击 按钮，将该工具栏缩小，如图 1.12 所示。
（2）在基本界面中单击【属性】面板名称栏中的 按钮，将【属性】面板最小化，以便为场景提供更大的编辑区域。
（3）选择【窗口】→【对齐】命令，打开【对齐】面板。选择【窗口】→【行为】命令和【窗口】→【其他面板】→【场景】命令，分别打开【行为】面板和【场景】面板。
（4）将鼠标光标移动到【对齐】面板名称栏的左侧，按住鼠标左键并拖动鼠标，将面板向界面右侧拖动，当将面板拖动到界面最右侧时释放鼠标左键，将【对齐】面板放置到界面右侧，如图 1.13 所示。

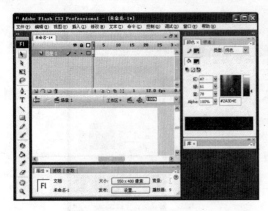

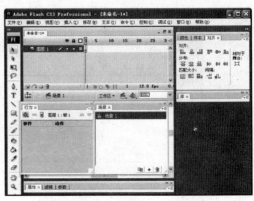

图 1.12　将【绘图】工具栏缩小　　　　　图 1.13　放置【对齐】面板

（5）用同样的方法依次将【行为】面板和【场景】面板分别拖动到场景右侧，并放置到【颜色&样本&对齐】面板下方。

（6）选择【窗口】→【工作区布局】→【保存当前】命令，打开【保存工作区布局】对话框，在该对话框中将当前工作界面命名为"动画短片专用界面"，然后单击 确定 按钮，保存当前工作界面。

案例小结

本案例通过调整【绘图】工具栏的位置、打开并调整相应面板的位置设置了一个名为"动画短片专用界面"的界面布局。通过本案例的练习，读者可巩固并掌握在 Flash CS3 中设置工作界面的基本方法。在使用 Flash CS3 制作动画的过程中，根据动画制作的需要对工作界面进行适当的调整，不但方便了对动画对象的制作和编辑，还可在一定程度上提高动画的制作效率。因此，在了解基本方法后，可根据个人习惯对 Flash CS3 的工作界面进行相应的设置并将其保存，从而获得属于自己的个性化工作界面。

1.3　Flash CS3 文档管理

在了解 Flash 的相关概念并认识 Flash CS3 的基本界面和默认界面组件后，本节将对在 Flash CS3 中管理动画文档的方法进行讲解。

1.3.1　知识讲解

在 Flash CS3 中，动画文档的管理主要包括新建、打开、保存和关闭等基本操作。

1．新建文档

要制作一个动画，首先就需要建立一个该动画专用的文档。在 Flash CS3 中，新建文档的方法主要有两种：

● 在 Flash CS3 的主界面中选择【文件】→【新建】命令，在打开的【新建文档】对话框的【常规】选项卡中选择一种要创建的文档类型，然后单击 确定 按钮，如图 1.14 所示。

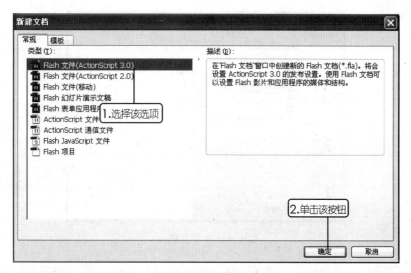

图 1.14 新建文档

● 在 Flash CS3 的主界面中选择【文件】→【新建】命令，在打开的【新建文档】对话框中单击【模板】选项卡，然后在打开的【模板】选项卡中选择模板类别和相应的模板文件，然后单击 确定 按钮（如图 1.15 所示），根据模板内容新建相应的 Flash 文档。

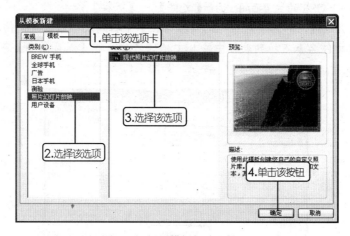

图 1.15 根据模板新建文档

2. 打开文档

若要对电脑中已经存在的动画文档进行编辑，首先需要将该文档打开，然后才能对其进行编辑和修改。在 Flash CS3 中，打开文档的具体操作步骤如下：

（1）在 Flash CS3 的主界面中选择【文件】→【打开】命令，打开【打开】对话框。

（2）在【打开】对话框的【查找范围】下拉列表框中选择要打开文档的路径。

（3）在【文件名】下拉列表框中输入相应的文件名或直接选择要打开的文档，然后单击 打开(O) 按钮，如图 1.16 所示。

Computer

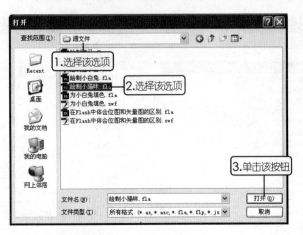

图 1.16　打开文档

> **注意：** 在未启动 Flash CS3 的情况下，若要打开某一个动画文档，只需用鼠标左键双击该动画文档图标，即可启动 Flash CS3 并同时打开该动画文档。

3. 保存文档

在制作动画或对动画文档进行编辑后，需要对所做修改进行保存。在 Flash CS3 中，保存动画文档的具体操作步骤如下：

（1）在 Flash CS3 的主界面中选择【文件】→【保存】命令。

（2）在打开的【另存为】对话框的【保存在】下拉列表框中选择文档的保存路径。

（3）在【文件名】下拉列表框中输入文档的名称，在【保存类型】下拉列表框中选择文档的保存类型，然后单击 保存(S) 按钮，如图 1.17 所示。

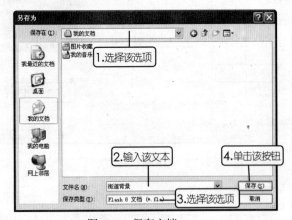

图 1.17　保存文档

> **注意：** 选择【文件】→【保存】命令后，【另存为】对话框只在对新建文档进行第一次保存时出现，如果当前文档已经被保存过或当前文档为打开的动画文档，则直接将所做修改保存在当前文档中。另外，选择【文件】→【另存为】命令，可将当前动画文档保存为另一个动画文档。

4．关闭文档

在保存动画文档后，若不再需要对动画文档进行编辑，可关闭该动画文档。在 Flash CS3 中，关闭动画文档的方法主要有以下 3 种：

- 在动画文档的标题栏右侧单击 ✖ 按钮，可关闭当前编辑的动画文档。
- 选择【文件】→【关闭】命令或按【Ctrl+W】组合键，可关闭当前编辑的动画文档。
- 选择【文件】→【全部关闭】命令或按【Ctrl+Alt+W】组合键，可关闭 Flash CS3 中所有打开的动画文档。

1.3.2　典型案例——新建并保存"My Flash"动画文档

案例目标

本案例将新建一个 Flash 动画文档，并将其以"My Flash"为名进行保存。通过本案例的练习，读者可熟练掌握在 Flash CS3 中新建、保存和关闭文档的基本操作，为后面的学习做好准备。

源文件位置：【\第 1 课\源文件\My Flash.fla】

操作思路：

（1）新建一个 Flash 动画文档。

（2）将新建的动画文档保存为"My Flash"。

（3）在文档保存完毕后，关闭动画文档。

操作步骤

新建、保存和关闭文档的具体操作步骤如下：

（1）选择【文件】→【新建】命令，在打开的【新建文档】对话框的【常规】选项卡中选择【Flash 文件（ActionScript 3.0）】选项，然后单击 确定 按钮。

（2）此时，Flash CS3 将新建一个 Flash 动画文档，选择【文件】→【保存】命令，在打开的【另存为】对话框的【保存在】下拉列表框中选择文档的保存路径，然后在【文件名】下拉列表框中输入"My Flash"，并在【保存类型】下拉列表框中选择文档的保存类型为【Flash CS3 文档】，单击 保存(S) 按钮，保存动画文档。

（3）文档保存完毕后，选择【文件】→【关闭】命令（或按【Ctrl+W】组合键），关闭动画文档。

案例小结

本案例通过新建名为"My Flash"的动画文档练习了在 Flash CS3 中新建文档、保存文档以及关闭文档的基本操作。通过本案例的练习，读者可巩固并掌握在 Flash CS3 中管理文档的基本方法。在完成"My Flash"动画文档的创建之后，还可通过选择【文件】→【打开】命令或双击"My Flash"动画文档图标的方式练习打开动画文档的基本操作。

Computer

1.4 设置动画制作环境

动画制作环境是指为动画制作提供特定条件的环境因素，也就是为动画所设定的制作环境，决定了动画作品的背景颜色、动画尺寸以及动画场景数量等重要属性。本节将对在 Flash CS3 中设置动画制作环境的基本方法进行讲解。

1.4.1 知识讲解

Flash CS3 中的动画制作环境主要包括背景颜色、场景尺寸、场景、场景显示比例、标尺、网格以及辅助线等内容。

1. 设置背景颜色

在 Flash CS3 中，为动画设置背景颜色的具体操作步骤如下：

（1）在打开动画文档的情况下，单击【属性】面板中的背景 ■ 按钮，在弹出的颜色列表中将鼠标光标移动到某一个色块上（如图 1.18 所示），单击鼠标左键，即可将该颜色设置为动画的背景颜色。

（2）若颜色列表中没有适合的颜色，可单击颜色列表右上角的 ● 按钮，打开【颜色】对话框。

（3）在【颜色】对话框的颜色选择框中用鼠标单击某一个颜色区域，选择该区域的颜色样本，在右侧的颜色深度调节框中按住鼠标左键拖动滑块，调整颜色的深度，如图 1.19 所示。

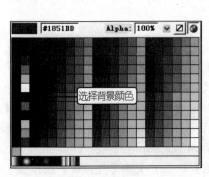

图 1.18　选择颜色

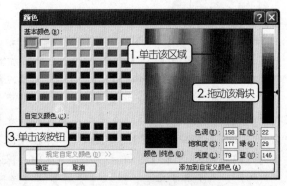

图 1.19　【颜色】对话框

（4）调整好颜色后单击 确定 按钮，即可将该颜色设置为动画的背景颜色。

技巧： 在【颜色】对话框中设置好颜色后，单击 添加到自定义颜色(A) 按钮，即可将该颜色添加到【自定义颜色】栏中，供用户随时调用。

2. 设置场景尺寸

场景尺寸决定了动画文档中场景的实际大小，也决定了动画作品的最终尺寸。在 Flash CS3 中，设置场景尺寸的具体操作步骤如下：

（1）在打开动画文档的情况下，【属性】面板中将显示当前场景的相关信息。其中，

"550×400 像素"代表场景的尺寸，背景：按钮中的颜色代表当前场景的背景颜色，【帧频】文本框中的数字代表为当前动画设定的播放速度，如图 1.20 所示。

图 1.20　【属性】面板中的相关信息

（2）单击【属性】面板中的 550 × 400 像素 按钮，打开【文档属性】对话框。

（3）在【尺寸】栏的【（宽）】和【（高）】文本框中修改数值，即可将场景设置为相应的尺寸；在【标尺单位】下拉列表框中选择标尺的度量单位（通常选择【像素】选项），如图 1.21 所示。

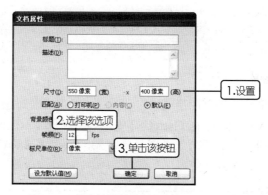

图 1.21　【文档属性】对话框

（4）单击 确定 按钮，即可按照所做修改重新设置场景的尺寸。

注意：在【文档属性】对话框中单击【背景颜色】按钮，也可设置动画的背景颜色。若单击 设为默认值(M) 按钮，则可将当前的设置作为 Flash CS3 的默认值，以后新建的动画文档都会自动采用该设置。

3. 创建新场景

在通常情况下，一个 Flash 动画只应用一个场景，但若动画过长或图层和要素过多，则可创建多个场景，并在各场景中分别制作动画的不同部分，以便于动画的制作和管理。在 Flash CS3 中，创建新场景的具体操作步骤如下：

（1）选择【窗口】→【其他面板】→【场景】命令或按【Shift+F2】组合键，打开【场景】面板，如图 1.22 所示。

（2）在该面板中可看到当前动画文档中的场景数量和各场景的名称。单击【场景】面板中的 按钮，可新建一个场景，系统自动将其命名为"场景 2"。

（3）用鼠标左键双击场景名称，可对场景的名称进行更改，如图 1.23 所示。

（4）新建场景后，在主界面的【时间轴】面板的右下方单击【编辑场景】按钮 ，

在打开的菜单中选择相应的场景名称（如图 1.24 所示），即可将该场景切换为当前编辑的场景，同时在【时间轴】面板左下方显示当前场景的名称。

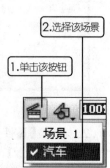

图 1.22 【场景】面板　　　图 1.23 新建场景并重命名　　　图 1.24 切换场景

注意：在【场景】面板中选中某个场景，然后按住鼠标左键拖动该场景，可改变该场景在动画中的播放顺序（在默认情况下，Flash CS3 将按照【场景】面板中从上至下的顺序播放各场景中的内容）。选中某个场景，然后单击 按钮，可以为选中的场景复制一个副本；若单击 按钮，则可删除该场景。

4．调整场景显示比例

在利用 Flash CS3 绘制图形或编辑动画时，经常需要对场景中的图形对象进行缩放，以便对其进行修改和编辑。在 Flash CS3 中，调整场景显示比例的具体操作步骤如下：

（1）任意打开一个保存有矢量图的动画文档（如"\第 2 课\源文件\为小白兔填色.fla"），如图 1.25 所示。

图 1.25 打开动画文档

（2）单击【时间轴】面板右下角的 100% 下拉列表框中的 按钮，在弹出的下拉列表中选择相应的显示比例（如选择【200%】选项，如图 1.26 所示），即可将场景中的图形对象以该比例进行显示，如图 1.27 所示。

图 1.26　选择场景显示比例　　　　图 1.27　以 200%的比例显示的场景效果

技巧: 若在下拉列表中找不到需要的显示比例，则直接在下拉列表框中输入相应的数字，这样可将其作为显示比例应用到场景中。

（3）若要将场景中的图形放大显示，单击【绘图】工具栏中的 按钮选中缩放工具，然后在【选项】区域中单击缩放工具按钮 ，将鼠标光标移动到场景中图形的上方单击鼠标左键即可。

注意: 若要将图形缩小显示，在【选项】区域中单击缩放工具按钮 ，然后将鼠标光标移动到图形上方单击鼠标左键即可。使用缩放工具对图形进行放大或缩小时，每单击一次鼠标左键，图形就将在前一次放大或缩小的基础上再次进行缩放。

（4）若要查看图形中的某一个细节，在选中缩放工具的情况下按住鼠标左键将要查看的图形细节框选（如图 1.28 所示），然后释放鼠标左键，即可将选定的细节部分放大到整个场景。

图 1.28　框选图形

（5）若要对场景中图形无法显示的其余部分进行查看，可在【绘图】工具栏中单击 按钮选中手形工具，然后在场景中按住鼠标左键向相应方向拖动。

5. 设置标尺、网格与辅助线

在 Flash CS3 中，标尺主要用于帮助用户对图形对象进行定位；辅助线和网格则通常与标尺配合使用，以提高用户对图形对象定位的精确度。在 Flash CS3 中，设置标尺、网格和辅助线的具体操作步骤如下：

（1）任意打开一个保存有矢量图的动画文档（如"\第 2 课\源文件\为小白兔填色.fla"）。

（2）选择【视图】→【标尺】命令（或按【Ctrl+Alt+Shift+R】组合键），在场景左侧和上方显示标尺，如图 1.29 所示。

图 1.29　显示标尺

（3）选择【视图】→【网格】→【显示网格】命令（或按【Ctrl+'】组合键），在场景中的舞台区域显示网格，如图 1.30 所示。若要对当前的网格状态进行更改，可选择【视图】→【网格】→【编辑网格】命令（或按【Ctrl+Alt+G】组合键），在打开的【网格】对话框中对网格进行相应的设置，如图 1.31 所示。

图 1.30　显示网格

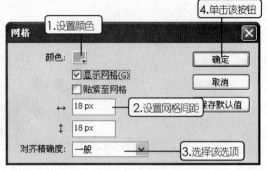

图 1.31　设置网格属性

（4）选择【视图】→【辅助线】→【显示辅助线】命令（或按【Ctrl+;】组合键），使辅助线呈可显示状态，然后在场景上方和左侧的标尺上按住鼠标左键向场景中拖动，制作出场景中的水平和垂直辅助线，如图 1.32 所示。

注意：若不需要某条辅助线，只需按住鼠标左键将其拖动到场景外即可。通过选择【视图】→【辅助线】→【编辑辅助线】命令（或按【Ctrl+Alt+Shift+G】组合键），可在打开的【辅助线】对话框中对辅助线的颜色进行设置，同时还可为辅助线设置贴紧和锁定等属性，如图 1.33 所示。

图 1.32　显示并拖动出辅助线　　　　图 1.33　设置辅助线属性

1.4.2　典型案例——设置"My Flash"的制作环境

案例目标

本案例将打开前面创建的"My Flash"动画文档，为其设置场景尺寸和背景颜色等相关制作环境，然后将其保存为"My Flash2"。通过本案例的练习，读者可熟练掌握在 Flash CS3 中设置动画制作环境的基本操作。为"My Flash"设置动画制作环境后的效果如图 1.34 所示。

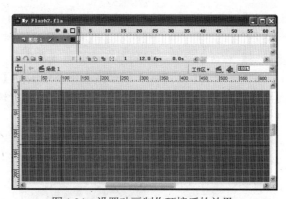

图 1.34　设置动画制作环境后的效果

素材位置：【\第 1 课\素材\My Flash.fla】

源文件位置：【\第 1 课\源文件\My Flash2.fla】

操作思路：

（1）打开"My Flash"动画文档。

（2）为动画文档设置背景颜色和场景尺寸。

（3）为动画文档设置标尺、网格和辅助线，然后将动画文档保存为"My Flash2"。

操作步骤

为"My Flash"设置动画制作环境的具体操作步骤如下：

（1）选择【文件】→【打开】命令，打开"My Flash"动画文档（"\第1课\素材\My Flash.fla"）。

（2）单击【属性】面板中的 背景: ■ 按钮，在弹出的颜色列表中选择灰蓝色作为动画的背景颜色。

（3）单击【属性】面板中的 550×400像素 按钮，打开【文档属性】对话框。在【尺寸】栏的【(宽)】和【(高)】文本框中将场景的尺寸设置为700×300像素，然后单击 确定 按钮，此时的场景如图1.35所示。

图1.35　设置背景颜色和场景尺寸后的场景效果

（4）选择【视图】→【标尺】命令（或按【Ctrl+Alt+Shift+R】组合键），在场景左侧和上方显示标尺。

（5）选择【视图】→【网格】→【显示网格】命令（或按【Ctrl+'】组合键），在场景中的舞台区域显示网格，然后选择【视图】→【网格】→【编辑网格】命令(或按【Ctrl+Alt+G】组合键），在打开的【网格】对话框中将网格的颜色设置为浅灰色。

（6）选择【视图】→【辅助线】→【显示辅助线】命令（或按【Ctrl+;】组合键），然后在场景上方和左侧的标尺上按住鼠标左键向场景中拖动，制作出场景中的水平和垂直辅助线，如图1.36所示。

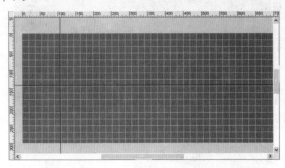

图1.36　设置标尺、网格和辅助线后的场景效果

（7）选择【文件】→【另存为】命令，将动画文档另存为"My Flash2"。

案例小结

本案例通过为"My Flash"动画文档设置相应的动画制作环境练习了在 Flash CS3 中设置背景颜色、场景尺寸、标尺、网格和辅助线的基本操作。通过本案例，再次练习了在 Flash CS3 中打开和保存文档的操作，并练习了设置动画制作环境的基本方法。完成本案例后，读者还可通过打开相应的动画文档对本案例中没有练习的创建新场景和调节场景显示比例等操作进行演练，并将其熟练掌握。

1.5 上 机 练 习

在学习本课知识点并通过实例演练相关的操作方法后，相信大家已经能较为熟练地应用本课所学内容了，下面通过两个上机练习再次巩固本课所学内容。

1.5.1 定制并保存个性化的工作界面

本练习将应用本课所学的方法定制一个具有个性化的工作界面，并将其保存为"我的界面"界面布局，从而练习在 Flash CS3 中设置工作界面的基本操作（设置后的工作界面如图 1.37 所示）。

操作思路：
● 将【绘图】工具栏缩小。
● 将【颜色】面板和【库】面板放置到界面右侧。
● 打开【对齐&信息&变形】面板，将其放置到【颜色】面板下方。
● 将设置好的界面保存为"我的界面"界面布局。

图 1.37 "我的界面"界面布局

1.5.2 新建动画文档并设置其动画制作环境

本练习将新建一个动画文档，对场景尺寸和背景颜色进行设置，并为场景设置标尺和网格。设置后的场景效果如图 1.38 所示。

操作思路：
● 新建一个动画文档。
● 设置文档场景尺寸为 700×250 像素。
● 设置动画背景颜色为棕红色。
● 设置网格颜色为白色。
● 设置网格间距为 25。

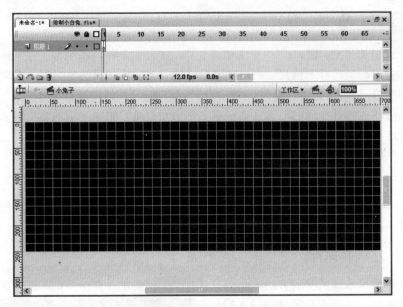

图 1.38　设置动画制作环境后的场景效果

1.6　疑难解答

问： 用 Flash CS3 打开用以前版本制作的动画文档后，为什么在保存时会弹出一个【Flash CS3 兼容性】对话框？

答： 这是因为 Flash CS3 检测到动画文档版本低于当前版本，所以弹出该对话框提示用户将当前文档的版本进行升级。通常情况下，应选择将版本升级；如果该文档还需用以前的 Flash 版本进行编辑，则建议将修改的文档另存，否则修改后的文档将无法用之前的 Flash 版本打开。

问： 在一个动画文档中只能指定一种颜色作为背景颜色，如果动画需要多个背景或需要不断变换，应该怎么处理？

答： 在遇到这种情况时，可采用下面的方法进行处理：首先，以动画中应用最多的背景为标准设置动画文档的背景颜色；然后，在需要切换其他背景时，在动画文档中位于最下方的图层中的相应位置放置用于表现背景的图片或矢量图，并将其放大，直至完全覆盖场景中的舞台区域（对于图层的具体操作，可参考第 5 课中的相关内容）。

1.7　课后练习

1. 选择题

（1）选择【文件】→【关闭】命令或按（　　　　）组合键，可关闭当前编辑的文档。

　　A.【Ctrl+Q】　　　　　　　　　　　B.【Ctrl+Alt+T】

　　C.【Ctrl+W】　　　　　　　　　　　D.【Ctrl+Alt+W】

（2）在 Flash CS3 中，创建动画和控制动画播放进程应在（　　）中进行。

    A．【属性】面板　　　　　　　　　　B．场景

    C．【动作】面板　　　　　　　　　　D．【时间轴】面板

（3）要使用面板中的帮助，应单击该面板中的（　　）按钮，然后在弹出的菜单中选择【帮助】命令。

    A．×　　　　　　　　　　　　　　　B．▶▶

    C．▢　　　　　　　　　　　　　　　D．▾≡

（4）在动画文档中，除了利用 100% 下拉列表框调节场景的显示比例外，还可通过（　　）工具进行调节。

    A．✋　　　　　　　　　　　　　　　B．🔍

    C．⬤　　　　　　　　　　　　　　　D．👁

2．问答题

（1）Flash CS3 的基本界面由哪些部分构成？简述各部分的大致功能。

（2）简述在 Flash CS3 中利用模板新建 Flash 文档的基本流程。

（3）简述在 Flash CS3 中设置场景尺寸和背景颜色的方法。

3．上机题

（1）参照本课所学内容新建一个动画文档，并设置其动画制作环境（设置后的效果如图 1.39 所示）。

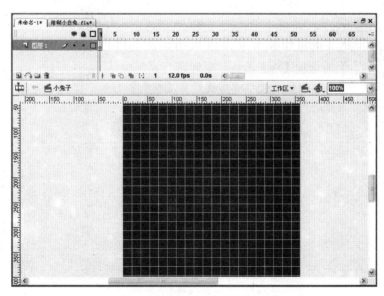

图 1.39　设置动画制作环境后的场景效果

提示：其新建与设置方法与“My Flash”动画文档类似，只需注意以下几点。

● 动画场景尺寸为 360×500 像素，背景颜色为深绿色。

● 网格颜色为白色，网格间距为 20。

● 将场景显示比例设置为 50%。

（2）参照本课所学内容新建一个动画文档，设置一个个性化的工作界面，并将其保存为"交互文本制作"界面布局（设置后的效果如图 1.40 所示）。

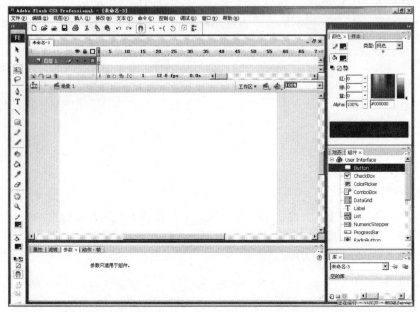

图 1.40　"交互文本制作"界面布局

提示：

● 启动 Flash CS3，新建一个 Flash 文件。

● 将【绘图】工具栏缩小。

● 将【颜色】面板和【库】面板放置到界面右侧。

● 打开【对齐&组件】面板，将其放置到【颜色】面板下方。

● 打开【参数&动作-帧】面板，将其放置到【属性】面板右侧。

● 将设置好的界面保存为"交互文本制作"界面布局。

第 2 课
绘制与填充矢量图

本课要点

- Flash CS3 中的图形概念
- Flash CS3 中的基本绘图工具
- Flash CS3 中的颜色填充工具

具体要求

- 了解位图与矢量图的区别
- 掌握用线条工具、铅笔工具和钢笔工具等工具绘制线条的方法
- 掌握椭圆工具和矩形工具等几何图形绘制工具的使用方法
- 掌握滴管工具、颜料桶工具以及填充变形工具的使用方法
- 掌握利用【颜色】面板为图形填充渐变色的操作方法

本课导读

在 Flash 动画中，矢量图是其必不可少的重要组成部分，Flash CS3 中提供了一系列的矢量图绘制与填充工具，用户可通过这些工具绘制所需的矢量图，并将绘制的矢量图应用到动画中。

- 绘制线条的工具：线条工具、铅笔工具、钢笔工具、刷子工具和橡皮擦工具。
- 绘制几何图形的工具：椭圆工具、矩形工具和多角星形工具。
- 用于颜色填充的工具：墨水瓶工具、颜料桶工具、滴管工具和填充变形工具。

2.1 Flash CS3 图形绘制基础

利用 Flash CS3 中提供的矢量图绘制与填充工具，可以根据动画需要绘制出相应的矢量图。在正式学习这些工具之前，首先需要对 Flash CS3 中的图形概念以及【绘图】工具栏等基础知识进行了解。

2.1.1 知识讲解

为了更好地对 Flash CS3 中图形的相关基础知识进行了解，下面分别对 Flash CS3 中的图形概念、【绘图】工具栏以及基本的绘图工具进行简单的介绍。

1. Flash CS3 中的图形概念

在 Flash CS3 中，根据显示和存储原理的不同，将图形分为位图和矢量图两种。

- **位图**：位图（如图 2.1 所示）是根据图像中每一点的信息生成的，存储和显示位图需要对图像中每一个点的信息进行处理，这样的一个点就是一个像素，一幅 200×200 像素的位图就有 40 000 个像素，电脑要存储和显示这幅位图就需要处理 40 000 个像素的相关信息。因其存储和显示原理，使得位图具有丰富的色彩表现力，多用在对色彩丰富度或真实感要求比较高的场合。但在 Flash CS3 中，无法通过提供的绘图工具对位图进行绘制，只能通过导入素材的方式来获取相应的位图。

- **矢量图**：矢量图（如图 2.2 所示）是由电脑根据存储的矢量数据经过相应的计算后生成的，它主要通过包含颜色和位置属性的直线或曲线数据来描述图像，因此电脑在存储和显示矢量图时，不需对每一个像素进行处理，只需记录图形的线条属性和颜色属性等数据信息。利用 Flash CS3 中的绘图工具绘制的图形都是矢量图。

图 2.1　位图

图 2.2　矢量图

注意：位图在放大到一定倍数时会出现明显的马赛克现象（马赛克实际上就是放大的像素点），图 2.3 所示的就是将图 2.1 放大 800 倍后的效果。相对于位图来说，矢量图所占用的存储空间较小，并且无论放大多少倍都不会出现马赛克现象，图 2.4 所示的就是将图 2.2 放大 800 倍后的效果，所以在 Flash 动画中使用的图形多为矢量图，这样可以有效地减小文件的大小并且保证图形在缩放变化时的画面质量。

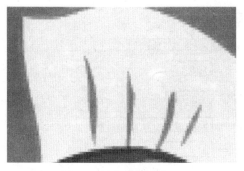

图 2.3 放大的位图

图 2.4 放大的矢量图

2. 认识【绘图】工具栏

在了解了 Flash CS3 中的图形概念后，下面对 Flash CS3 的【绘图】工具栏进行介绍。

Flash CS3 中的【绘图】工具栏位于主界面的左侧，主要分为 4 个区域（如图 2.5 所示），下面对各区域的具体功能和含义进行介绍。

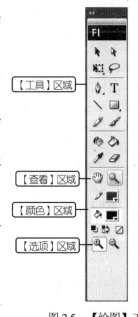

- ● 【工具】区域：Flash CS3 中所有的图形绘制、填充和编辑工具都放置在这个区域，用户只需单击其中的某一个工具按钮，即可选中该工具。

- ● 【查看】区域：这个区域中放置了手形工具和缩放工具，这两个工具主要用于对场景中的图形对象进行拖动和缩放，以便于制作者对其进行编辑和查看。

- ● 【颜色】区域：这个区域中放置了【笔触颜色】、【填充颜色】、【黑白】、【交换颜色】和【没有颜色】5 个按钮，通过单击这些按钮，可以对笔触线条和图形填充色等颜色属性进行相应的设置。

- ● 【选项】区域：该区域会根据用户当前选择工具的不同，显示与该工具相关的选项按钮，通过单击特定的按钮，可以对当前工具的属性进行设置或为工具添加特定的附加功能。

图 2.5 【绘图】工具栏

3. Flash CS3 中的绘图工具

Flash CS3 中的所有绘图工具都位于【绘图】工具栏的【工具】区域中，如图 2.6 所示。这些工具的大致功能如下。

- ● 选择工具 ：主要用于对场景中的图形对象进行选择、移动以及对矢量线条和色块进行调整等操作。

- ● 部分选取工具 ：主要用于选择场景中的图形，并通过图形上出现的节点对图形的形状进行调整。

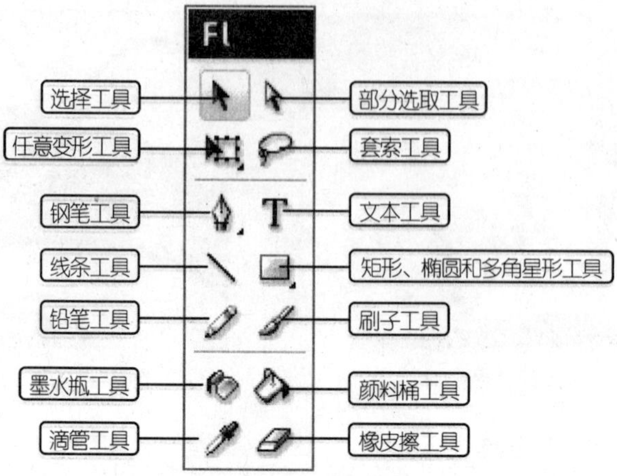

图 2.6　Flash CS3 中的绘图工具

- **任意变形工具**：用于对图形对象进行缩放、旋转、倾斜和翻转等变形操作，变形的对象可以是矢量图，也可以是位图和文字。
- **套索工具**：用于选取不规则的图形部分，通常是图形中的某一部分。
- **钢笔工具**：用于绘制精确的路径；另外，也可利用该工具绘制直线或曲线。
- **文本工具T**：用于动画中文字的输入和文字样式的设置。
- **线条工具**：用于绘制任意长度的矢量直线段。
- **矩形、椭圆和多角星形工具**：用于绘制矩形、椭圆和指定边数的多边形或星形。
- **铅笔工具**：用于绘制任意形状的矢量线条。
- **刷子工具**：用于模拟笔刷的笔触效果进行矢量色块的绘制。
- **墨水瓶工具**：用于更改线条或形状轮廓的笔触颜色、宽度和样式。
- **颜料桶工具**：用于在封闭图形内填充指定的颜色。
- **滴管工具**：用于对指定的线条或图形的颜色进行取样。
- **橡皮擦工具**：用于对矢量线条和色块进行擦除。

技巧： 鼠标在多选工具上停留会出现按键选项，按相应的键即可切换工具；在工具栏中按住多选按钮，系统将弹出对应的工具菜单，在其中选择相应的命令也可切换工具。

2.1.2　典型案例——在 Flash 中体会位图和矢量图的区别

案例目标

本案例将把提供的位图素材导入到 Flash CS3 中，复制位图，并将复制的位图转换为矢量图，通过对两张图进行比较，让读者体会 Flash CS3 中位图和矢量图的实际区别，它们的对比效果如图 2.7 所示。

素材位置：【\第 2 课\素材\位图.jpg】

图2.7　位图与矢量图的对比效果

源文件位置：【\第2课\源文件\在Flash中体会位图和矢量图的区别.fla】

操作思路：

（1）将提供的位图素材导入到Flash CS3中。

（2）复制位图，并将位图转换为矢量图。

（3）在Flash CS3中对场景的显示比例进行缩放，分别观察位图和矢量图出现的变化。

（4）将图层以轮廓方式显示，观察位图和矢量图在这种方式下显示的不同状态。

操作步骤

根据操作思路对比位图和矢量图的区别，具体操作步骤如下：

（1）新建一个Flash空白文档，并将其保存为"在Flash中体会位图和矢量图的区别.fla"。

（2）选择【文件】→【导入】→【导入到舞台】命令，将"位图.jpg"文件导入到场景中。

（3）在【绘图】工具栏中单击 按钮，选中选择工具，然后在场景中的"位图.jpg"上方单击鼠标右键，在弹出的快捷菜单中选择【复制】命令，并在场景中的任意空白位置单击鼠标右键，在弹出的快捷菜单中选择【粘贴】命令，此时在场景中将出现两幅位图，如图2.8所示。

图2.8　复制位图

（4）选中复制的"位图.jpg"，选择【修改】→【位图】→【转换位图为矢量图】命令，打开【转换位图为矢量图】对话框，并对该对话框中的参数进行如图 2.9 所示的设置，然后单击 ___确定___ 按钮，将复制的"位图.jpg"转换为矢量图，如图 2.10 所示。此时即可看到，转换后的矢量图无论在画面精细度还是色彩表现方面，其质量都有所下降。

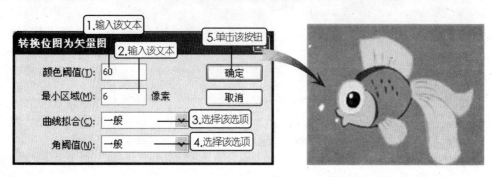

图 2.9　设置参数　　　　　　　图 2.10　转换后的矢量图效果

> **说明：** 在【颜色阈值】和【最小区域】文本框中输入的数字越小，转换的矢量图越精细，但需要处理的数据也相应增多。

（5）在【时间轴】面板的右下角单击 100% 下拉列表框右侧的 ✓ 按钮，在弹出的下拉列表中选择相应的显示比例，观察在不同显示比例下位图和矢量图的显示状态，即可发现位图在以超过 100% 的比例显示时会出现马赛克现象，且比例越大这种现象越严重；而矢量图除了图形放大之外，没有出现任何变化。

（6）在【时间轴】面板的图层区中单击"图层 1"右侧的 ■ 按钮，将该图层以轮廓方式显示，此时场景中的位图只显示出该图片的形状轮廓；而矢量图除其形状轮廓外，还显示出了图中主要内容的轮廓以及不同色彩的填色区域，如图 2.11 所示。

图 2.11　以轮廓方式显示的位图与矢量图

（7）在【时间轴】面板的图层区中单击"图层 1"右侧的 □ 按钮，将该图层重新以正常方式显示，完成位图和矢量图的对比。

案例小结

本案例利用提供的位图素材在 Flash CS3 中以不同显示比例和显示方式对位图和矢量图进行了对比。通过对比，读者应该对位图和矢量图在 Flash CS3 中的大致区别有一个基本的认识。当然，位图和矢量图的区别并不止这些，本案例列举的只是其最明显的几点差异，对于这两种图形的其他差异，还需要在日后的应用过程中逐渐了解和体会。

2.2　绘制基础图形

在了解 Flash CS3 中的图形概念并认识【绘图】工具栏以及相关的绘图工具后，下面就对 Flash CS3 中用于基础图形绘制的工具及其使用方法进行详细的讲解。

2.2.1　知识讲解

在 Flash CS3 中，绘制基础图形的工具主要包括线条工具、铅笔工具、钢笔工具、刷子工具、橡皮擦工具、矩形工具、椭圆工具和多角星形工具，这类工具通常用于图形轮廓以及几何图形的绘制。

1．绘制直线

绘制直线的工具为线条工具，使用线条工具绘制直线的具体操作步骤如下：

（1）在【绘图】工具栏中单击线条工具／。

（2）将鼠标光标移动到场景中的适当位置，当鼠标光标变为十形状时，按住鼠标左键向要绘制的方向拖动，此时的场景中将出现如图 2.12 所示的直线预览效果。

（3）将预览直线拖动到适当长度后，释放鼠标左键，即可绘制出与预览直线完全相同的直线，如图 2.13 所示。

图 2.12　预览直线　　　　　　　　　图 2.13　绘制的直线

技巧： 在绘制直线时若按住【Shift】键，可绘制出与水平直线呈 45°角的倾斜直线。

绘制直线后，用户还可根据需要对直线的粗细、样式和颜色等属性进行修改。在【绘图】工具栏中单击 ▶ 按钮，选中选择工具，然后在场景中选中绘制的直线，此时场景下方的【属性】面板中将显示与该直线相关的属性信息，如图 2.14 所示。在该面板中可设置的各选项的功能及含义如下。

- 宽：110.0 和高：0.0 **文本框**：用于设置直线在水平或垂直方向上的长度。
- X：228.0 和 Y：225.0 **文本框**：用于设置直线在场景中的位置。
- ／ ■**按钮**：用于设置直线的颜色。单击该按钮，可在弹出的颜色列表中选择直线的颜色，如图 2.15 所示。
- 1 **下拉列表框**：用于设置直线的粗细。
- 实线────────**下拉列表框**：用于设置直线的样式。单击右侧的 ▼ 按钮，可在弹

出的下拉列表中选择所需的直线样式，如图 2.16 所示。

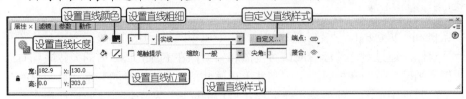

图 2.14　【属性】面板中显示的直线属性信息

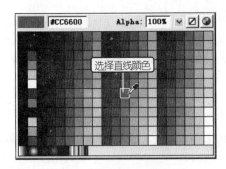

图 2.15　选择直线颜色

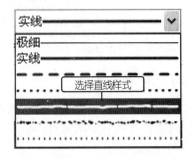

图 2.16　选择直线样式

● 自定义... 按钮：单击该按钮，可打开【笔触样式】对话框，在该对话框中可对直线的缩放、粗细和类型等属性进行设置，如图 2.17 所示。

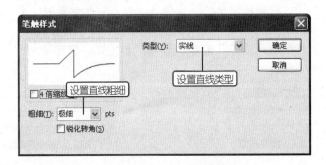

图 2.17　【笔触样式】对话框

● 端点: 按钮：设置直线端点的样式，包括【无】、【圆角】和【方型】3 个选项。
● 接合: 按钮：设置连接直线的样式，包括【尖角】、【圆角】和【斜角】3 个选项。

2．绘制曲线

在 Flash CS3 中，绘制曲线的主要工具是钢笔工具。相对于其他工具，初次使用钢笔工具时会觉得该工具较难掌握，但在熟练掌握后，将会觉得该工具是十分有用的绘图工具。使用钢笔工具绘制曲线的具体操作步骤如下：

（1）在【绘图】工具栏中单击钢笔工具。

（2）将鼠标光标移至场景中，当鼠标光标变为 形状时，在要绘制曲线的位置处单

击鼠标左键，确定曲线的初始点（初始点以小圆圈显示）。

（3）将鼠标光标移动到曲线的终点位置，按住鼠标左键并拖动鼠标，此时会出现如图 2.18 所示的调节杆。

（4）通过对调节杆的长度和斜度进行调整来确定曲线的弧度，调整好后释放鼠标左键，即可绘制出相应的曲线，如图 2.19 所示。

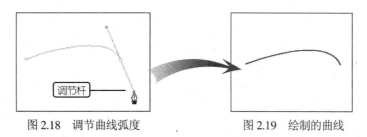

图 2.18 调节曲线弧度   图 2.19 绘制的曲线

注意： 在确定曲线时，若直接在终点处单击鼠标左键，那么在两点间绘制的将是一条直线。

技巧： 利用钢笔工具可直接将绘制的图形封闭，并为图形自动填充指定的颜色，其方法是：在利用钢笔工具绘制所需的图形后，在需要封闭图形时，将鼠标光标移动到图形的起始点位置，此时鼠标光标呈 形状（如图 2.20 所示），在此状态下单击起始点，即可将图形封闭，图形封闭后将自动填充指定的填充色，如图 2.21 所示。

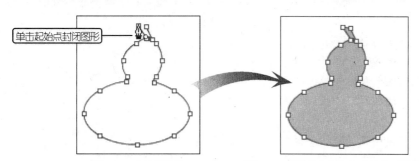

图 2.20 封闭图形   图 2.21 封闭图形并自动填充后的效果

在使用钢笔工具时，用户可根据鼠标光标的不同形状来确定钢笔工具当前所处的状态。钢笔工具的各种鼠标光标形状的具体含义如下。

- ✎×：在该状态下，单击鼠标左键可确定一个点。该形状是选择钢笔工具后鼠标光标的默认形状。
- ✎+：将鼠标光标移到曲线上没有调整柄的任意位置时，鼠标光标将变为此形状，此时单击鼠标左键可添加一个调整柄。
- ✎−：将鼠标光标移到某个调整柄上时，鼠标光标将变为此形状，此时单击鼠标左键可删除该调整柄。
- ✎：将鼠标光标移到绘制曲线的某个调整柄上时，鼠标光标将变为此形状，此时单击鼠标左键可将弧线调整柄变为两条直线的连结点。
- ✎。：当鼠标光标移动到起始点时，鼠标光标将变为该形状，此时单击鼠标左键可将图形封闭并填充颜色。

3．绘制任意形状的线条

在 Flash CS3 中，使用铅笔工具可以绘制任意形状的线条或不规则的线条轮廓。使用铅笔工具绘制线条的具体操作步骤如下：

（1）在【绘图】工具栏中单击铅笔工具 。

（2）将鼠标光标移至场景中，当鼠标光标变为 形状时，按住鼠标左键并拖动鼠标，此时场景中将显示与鼠标光标移动轨迹完全一致的线条预览效果，如图 2.22 所示。

（3）当绘制出需要的线条形状后，释放鼠标左键，即可绘制出相应的线条，如图 2.23 所示。

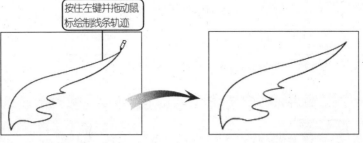

图 2.22　线条预览效果　　　　　图 2.23　绘制的线条

在 Flash CS3 中，使用铅笔工具进行绘制前，可通过选择不同的绘图模式来绘制出不同状态的矢量线条，其方法是：选中铅笔工具后，单击【选项】区域中的 按钮，在弹出的如图 2.24 所示的菜单中对铅笔工具的绘图模式进行选择。

铅笔工具的 3 种绘图模式的具体含义如下。

● **伸直**：在该模式下，绘制的任意矢量线条图形自动生成和它最接近的规则线条。

● **平滑**：在该模式下，绘制的线条可以变得更加平滑。

● **墨水**：在该模式下，完全按照鼠标光标运动轨迹绘制线条。

图 2.24　选择铅笔工具的绘图模式

4．绘制矢量色块

在 Flash CS3 中，利用刷子工具可以绘制一些特定形状、大小及颜色的矢量色块，具体操作步骤如下：

（1）单击【绘图】工具栏中的刷子工具 。

（2）在【颜色】区域中单击 按钮，并在弹出的颜色列表中选择一种要应用到刷子工具上的填充色。

（3）在【选项】区域中单击 按钮，在弹出的如图 2.25 所示的菜单中选择刷子工具的绘图模式。

刷子工具的 5 种绘图模式的具体功能及含义如下。

● **标准绘画**：在此模式下绘制的色块会直接覆盖其下方的矢量线条和矢量色块。

● **颜料填充**：在此模式下绘制的色块只覆盖其下方的矢量色块而不覆盖矢量线条。

- **后面绘画**：在此模式下绘制的色块将位于图形的下方，不会覆盖原图形。
- **颜料选择**：在此模式下，色块只能绘制到已经选取的矢量色块区域；若未选择任何区域，则刷子工具将不能绘制色块。
- **内部绘画**：在此模式下，要求色块的绘制起点必须在矢量图内部，并且必须在封闭的区域里进行绘制。

图 2.25　选择刷子工具的绘图模式

刷子工具在 5 种不同绘图模式下的实际绘制效果如图 2.26 所示。

图 2.26　刷子工具在不同绘图模式下的绘制效果

（4）在【选项】区域中单击 ● 下拉列表框中的 按钮，在弹出的如图 2.27 所示的下拉列表中选择刷子工具的笔头大小。

（5）单击下方的 ● 下拉列表框中的 按钮，在弹出的如图 2.28 所示的下拉列表中选择刷子工具的笔头形状。

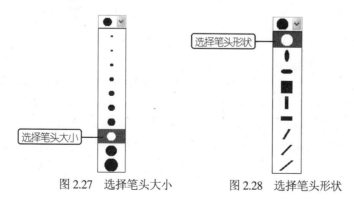

图 2.27　选择笔头大小　　　图 2.28　选择笔头形状

（6）上述属性设置完成后，将鼠标光标移动到场景中，按住鼠标左键并拖动鼠标，即可绘制出相应的矢量色块（通过调整刷子工具的各项属性，可以绘制出漂亮的矢量色块图形），如图 2.29 所示。

图 2.29　绘制的矢量色块

5．擦除图形

在 Flash CS3 中，利用橡皮擦工具可以对图形中绘制失误或不满意的部分进行擦除，以便重新对其进行绘制。除此之外，还可以通过对图形某一部分进行擦除来获得特殊的图形效果。使用橡皮擦工具擦除图形的具体操作步骤如下：

（1）在【绘图】工具栏中单击橡皮擦工具 。

（2）在【选项】区域中单击 按钮，在弹出的菜单中选择一种擦除模式，如图 2.30 所示。

（3）在【选项】区域中单击 下拉列表框中的 按钮，在弹出的如图 2.31 所示的下拉列表中选择橡皮擦的大小和形状。

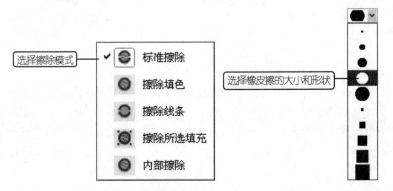

图 2.30　选择擦除模式　　　图 2.31　选择橡皮擦的大小和形状

橡皮擦工具的 5 种擦除模式的具体功能及含义如下。

● **标准擦除**：这是系统默认的擦除模式，可同时擦除矢量色块和矢量线条。

● **擦除填色**：在此模式下，橡皮擦工具只能擦除填充的矢量色块部分。

● **擦除线条**：在此模式下，橡皮擦工具只能擦除矢量线条。

● **擦除所选填充**：在此模式下，橡皮擦工具只能擦除选中色块区域中的线条和色块。

● **内部擦除**：在此模式下，橡皮擦工具可擦除封闭图形区域内的色块，但擦除的起点必须在封闭图形内，否则不能进行擦除。

橡皮擦工具在 5 种不同擦除模式下的实际擦除效果如图 2.32 所示。

图 2.32　橡皮擦工具在不同擦除模式下的擦除效果

（4）设置完成后，将鼠标光标移动到要擦除图形的上方，按住鼠标左键并拖动鼠标，即可对图形进行擦除操作，如图 2.33 所示。

图 2.33　擦除图形

> 注意：橡皮擦工具只能对矢量图进行擦除，对文字和位图无效；如果要擦除文字或位图，必须首先按
> 【Ctrl+B】组合键将其打散，然后才能使用橡皮擦工具对其进行擦除。另外，在【选项】区域中单
> 击 按钮，可对矢量色块和线条进行快速擦除。

6．绘制椭圆

在 Flash CS3 中，利用椭圆工具可以轻松地绘制椭圆。利用椭圆工具绘制椭圆的具体操作步骤如下：

（1）单击【绘图】工具栏中的椭圆工具 。

（2）在【颜色】区域中单击 按钮，在弹出的颜色列表中选择一种颜色作为椭圆的边框颜色。

（3）在【属性】面板中设置边框线条的粗细和样式，如图 2.34 所示。

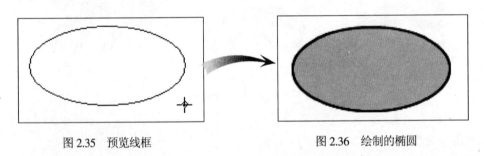

图 2.34　设置线条粗细和样式

（4）在【颜色】区域中单击◢■按钮，在弹出的颜色列表中选择一种颜色作为椭圆的填充色。

（5）将鼠标光标移至场景中，当光标变为十形状时，按住鼠标左键并拖动鼠标，此时将出现如图 2.35 所示的预览线框。

（6）当拖动出所需大小和形状的椭圆后，释放鼠标左键，即可绘制出与预览线框大小相同的椭圆，如图 2.36 所示。

图 2.35　预览线框　　　　　　图 2.36　绘制的椭圆

技巧：如果需要绘制没有填充色的椭圆（即空心椭圆），只需在设置填充色时单击【颜色】区域中的◪按钮即可；同理，若需要绘制没有边框线条的椭圆（即椭圆色块），只需在设置边框颜色时单击【颜色】区域中的◪按钮即可。在绘制椭圆时按住【Shift】键，可绘制出规则的圆。

7．绘制矩形

在 Flash CS3 中，利用矩形工具可以绘制出不同大小、不同形状的矩形。使用矩形工具绘制矩形的具体操作步骤如下：

（1）单击【绘图】工具栏中的矩形工具▭。

（2）在【颜色】区域中单击◢■按钮，在弹出的颜色列表中选择一种颜色作为矩形的边框颜色。

（3）在【属性】面板中设置边框线条的粗细和样式。

（4）在【颜色】区域中单击◢■按钮，在弹出的颜色列表中选择一种颜色作为矩形的填充色。

（5）将鼠标光标移至场景中，当光标变为十形状时，按住鼠标左键并拖动鼠标，此时将出现如图 2.37 所示的预览线框。

（6）当拖动出所需大小和形状的矩形后，释放鼠标左键，即可绘制出与预览线框大小相同的矩形，如图 2.38 所示。

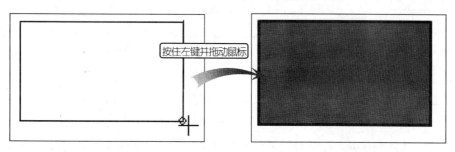

图 2.37 预览线框　　　　　　　图 2.38 绘制的矩形

利用矩形工具，除了可绘制常见的直角矩形外，还可以绘制边角呈圆弧状的圆角矩形，其具体操作步骤如下：

（1）单击【绘图】工具栏中的矩形工具▣，然后设置好矩形的边框颜色和填充色。

（2）在【选项】区域的 0 中拖动滑块或者直接输入数字，如图 2.39 所示。

（3）将鼠标光标移至场景中，按住鼠标左键并拖动鼠标，即可绘制出相应的圆角矩形，如图 2.40 所示。

图 2.39 设置矩形边角半径　　　　　图 2.40 绘制的圆角矩形

8．绘制多边形和星形

除了上面介绍的椭圆工具和矩形工具外，Flash CS3 中还提供了一个专门用于绘制多边形和星形的工具——多角星形工具，利用这个工具，可以绘制出不同边数和不同大小的多边形和星形，其具体操作步骤如下：

（1）在【绘图】工具栏中按住矩形工具▣不放，将弹出如图 2.41 所示的菜单，在该菜单中选择【多角星形工具】命令。

（2）在【颜色】区域中单击🖉▣按钮，在弹出的颜色列表中选择一种颜色作为图形的边框颜色。

（3）在【颜色】区域中单击🖿▣按钮，在弹出的颜色列表中选择一种颜色作为图形的填充色。

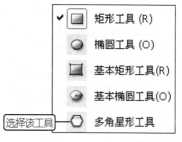

图 2.41 选择多角星形工具

（4）在【属性】面板中设置图形边框线条的粗细和样式（如图 2.42 所示），然后单击 选项... 按钮，打开【工具设置】对话框。

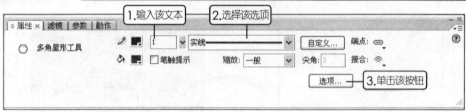

图 2.42　设置边框线条的粗细和样式

（5）在【工具设置】对话框的【样式】下拉列表框中选择图形的样式，在【边数】文本框中输入图形的边数，然后单击 ▭确定▭ 按钮，如图 2.43 所示。

（6）将鼠标光标移至场景中，当其变为＋形状时，按住鼠标左键并拖动鼠标，即可绘制出相应的多边形，如图 2.44 所示。

> **注意：** 在【工具设置】对话框的【边数】文本框中只能输入介于 3～32 之间的数字；在【星形顶点大小】文本框中只能输入介于 0～1 之间的数字，用于指定星形顶点的深度，数字越接近 0，创建的顶点就越深。在绘制多边形时，星形顶点的深度对其没有影响。

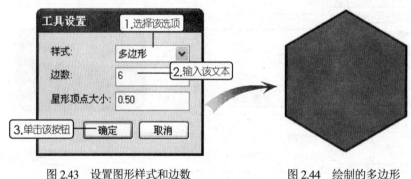

图 2.43　设置图形样式和边数　　　　图 2.44　绘制的多边形

2.2.2　典型案例——绘制"小白兔"矢量卡通图形

案例目标

本案例将利用线条工具、铅笔工具、钢笔工具以及椭圆工具等基本绘图工具绘制一个"小白兔"矢量卡通图形，效果如图 2.45 所示。通过对卡通图形的绘制，读者应熟悉并掌握 Flash CS3 中基本绘图工具的使用方法。

源文件位置：【\第 2 课\源文件\绘制小白兔.fla】

操作思路：

（1）使用铅笔工具和钢笔工具绘制小白兔的头部轮廓。

（2）使用铅笔工具配合钢笔工具绘制小白兔的身体轮廓。

图 2.45　绘制的"小白兔"卡通图形

（3）使用铅笔工具配合钢笔工具绘制书包的轮廓。

（4）使用线条工具、矩形工具和多角星形工具绘制书包上的装饰物图形。

操作步骤

具体操作步骤如下：

（1）新建 Flash 文档，在【属性】面板中将场景尺寸设置为 400×350 像素，将背景色设置为白色，然后选择【文件】→【保存】命令，将其存储为"绘制小白兔.fla"。

（2）在【绘图】工具栏中单击钢笔工具 ，并将线条颜色设置为黑色，然后使用钢笔工具在场景中绘制如图 2.46 所示的曲线，勾勒出小白兔的头部轮廓。

> **注意：**钢笔工具是较难掌握的一种绘图工具，使用钢笔工具绘制流畅的曲线段是本案例的难点所在，读者在进行这一步操作时可能一时无法顺利绘制出小白兔的头部轮廓，不要灰心，反复练习即可；也可将轮廓看成多条曲线的组合，然后分别绘制各条曲线，最终构成相同的轮廓图形。

（3）在【绘图】工具栏中单击铅笔工具 ，然后单击【选项】区域中的 按钮，将铅笔工具的绘图模式设置为"平滑"。使用铅笔工具在五官轮廓中分别绘制表现眼眶、下颌线以及耳朵的线条，如图 2.47 所示。

（4）使用铅笔工具绘制小白兔的面部细节，如图 2.48 所示。

图 2.46　绘制头部轮廓　　　图 2.47　绘制头部细节　　　图 2.48　绘制面部细节

（5）在【绘图】工具栏中单击钢笔工具 ，绘制出小白兔裙子的轮廓线条，如图 2.49 所示。

（6）在【绘图】工具栏中单击铅笔工具 ，绘制出小白兔裙子的细节线条，如图 2.50 所示。

图 2.49　绘制裙子轮廓　　　　　　　　图 2.50　绘制裙子细节

（7）使用铅笔工具绘制手和脚的轮廓线条，如图 2.51 所示。

（8）使用铅笔工具绘制表现手和袖子细节的线条，如图 2.52 所示。

使用铅笔工具绘制手脚轮廓

使用铅笔工具绘制手和袖子细节

图 2.51　绘制手和脚　　　　　　图 2.52　绘制手和袖子细节

（9）使用铅笔工具和钢笔工具绘制书包的轮廓线条，如图 2.53 所示。

（10）单击【绘图】工具栏中的矩形工具▢，在【颜色】区域中单击✐▮按钮，在弹出的颜色列表中选择黑色作为矩形的边框颜色；在【颜色】区域中单击✍▮按钮，在弹出的颜色列表中选择黄色作为矩形的填充色。

（11）使用矩形工具在小白兔书包轮廓的右侧绘制一个矩形，作为装饰物图形。

（12）在【绘图】工具栏中按住矩形工具▢，在弹出的菜单中选择【多角星形工具】命令，在【颜色】区域中单击✐▮按钮，在弹出的颜色列表中选择黑色作为星形的边框颜色；在【颜色】区域中单击✍▮按钮，在弹出的颜色列表中选择黄色作为星形的填充色。

（13）在【属性】面板中单击 选项… 按钮，打开【工具设置】对话框。在【样式】下拉列表框中选择【星形】图形样式，在【边数】文本框中输入"5"，然后单击 确定 按钮。

（14）使用设置好的多角星形工具在矩形的上方绘制一个五角星图形，用线条工具在五角星下绘制一条线，如图 2.54 所示。

使用铅笔工具和钢笔工具绘制书包

使用多角星形工具绘制装饰图案

图 2.53　绘制书包　　　　　　图 2.54　绘制装饰图案

（15）将鼠标光标移动到场景中的空白处，单击鼠标左键，完成本案例的制作。

案例小结

本案例绘制了一个"小白兔"矢量卡通图形，练习使用了所学的线条工具、铅笔工具以及矩形工具等基本绘图工具。在本案例的制作过程中，针对图形中各部分的特点，采用了不同的工具进行绘制，在练习使用工具时，应同时了解各工具的特点。橡皮擦工具通常在绘制失误或需要擦除图形中多余部分的情况下应用，所以在本案例的实际操作步骤中没有使用它，但这并不意味着在本案例中不会用到该工具，读者应根据绘制时的实际情况合理地利用该工具。

通过本案例的练习，读者对上述工具已经有所掌握，建议搜集一些卡通图片素材，并参照这些素材自行练习，以达到熟练掌握工具的目的，并提高自身的绘图水平。

2.3 填充图形颜色

通常，在绘制了矢量图的轮廓线条后，还需要为其填充相应的颜色。恰当的颜色填充，不但可以使图形更加精美、漂亮，而且对线条轮廓出现的细小失误还具有一定的弥补作用，下面就对 Flash CS3 中用于颜色填充的各种工具进行讲解。

2.3.1 知识讲解

在 Flash CS3 中，用于图形颜色填充的工具主要包括滴管工具、颜料桶工具、填充变形工具和墨水瓶工具。

1. 对指定颜色采样

在 Flash CS3 中，使用滴管工具可以从指定的位置提取该位置的线条或矢量色块的颜色样本，并将其自动设置为颜料桶工具或墨水瓶工具的填充色，具体操作步骤如下：

（1）单击【绘图】工具栏中的滴管工具 ✎。

（2）将鼠标光标移至场景中要提取颜色的位置，当鼠标光标变为 ✎ 形状时，单击鼠标左键即可提取颜色，如图 2.55 所示。

（3）此时，Flash CS3 将自动切换为颜料桶工具，并将提取的颜色设置为颜料桶工具的填充色，同时鼠标光标变为 ✎ 形状，将鼠标光标移动到要填充颜色的目标区域并单击鼠标左键，即可将提取的颜色填充到该区域，如图 2.56 所示。

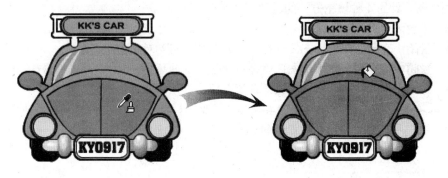

图 2.55　提取颜色样本　　　　图 2.56　将提取的颜色填充到目标区域

注意： 当鼠标光标为 形状时，提取的颜色将作为颜料桶工具的填充色；当鼠标光标为 形状时，提取的颜色将作为墨水瓶工具的线条颜色。

滴管工具除了提取线条和色块的颜色外，还可对位图进行采样，并利用提取的位图样本对图形进行填充，具体操作步骤如下：

（1）选择【文件】→【导入】→【导入到舞台】命令，将"位图.jpg"导入到舞台中。

（2）在场景中选中位图，按【Ctrl+B】组合键将图片打散。

（3）单击【绘图】工具栏中的滴管工具 ，将鼠标光标移动到打散的位图上，单击鼠标左键对位图进行采样，如图 2.57 所示。

（4）此时，Flash CS3 将自动切换为颜料桶工具，并将提取的位图样本设置为颜料桶工具的填充图案，同时鼠标光标变为 形状，将鼠标光标移动到要填充位图的目标区域并单击鼠标左键，即可将提取的位图样本填充到该区域，如图 2.58 所示。

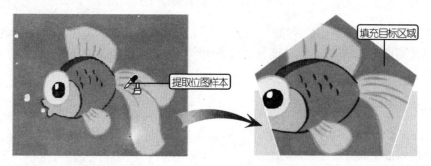

图 2.57 提取位图样本   图 2.58 将提取的位图样本填充到目标区域

2. 为图形填充纯色

在 Flash CS3 中，封闭图形中的颜色填充主要通过颜料桶工具来完成。使用颜料桶工具填充颜色的具体操作步骤如下：

（1）单击【绘图】工具栏中的颜料桶工具 。

（2）单击【颜色】区域中的 按钮，在弹出的颜色列表中选择一种颜色作为颜料桶工具的填充色。

（3）单击【选项】区域中的 按钮，在弹出的如图 2.59 所示的列表中选择一种填充方式。

颜料桶工具的 4 种填充方式的具体功能及含义如下。

● **不封闭空隙：** 填充区域必须是完全封闭状态，才能对图形进行填充。

● **封闭小空隙：** 即使填充区域存在小的缺口，仍然对图形进行填充。

● **封闭中等空隙：** 即使填充区域存在中等大小的缺口，仍然对图形进行填充。

● **封闭大空隙：** 即使填充区域存在较大的缺口，仍然对图形进行填充。

（4）将鼠标光标移至场景中，当鼠标光标变为 形状时，在要填充颜色的区域中单击鼠标左键，即可为图形填充设置好的填充颜色，如图 2.60 所示。

图 2.59　选择填充方式

图 2.60　为图形填充颜色

3. 为图形填充渐变色

使用颜料桶工具，除了可以为一个封闭的区域填充单一的颜色外，还可通过与【颜色】面板以及填充变形工具配合使用为封闭区域填充具有颜色渐变效果的渐变色。在 Flash CS3 中，为图形填充渐变色的的具体操作步骤如下：

（1）单击【绘图】工具栏中的颜料桶工具 📣 。

（2）在 Flash CS3 界面右侧打开【颜色】面板，如图 2.61 所示。

（3）在【类型】下拉列表框中选择【放射状】选项，此时的面板如图 2.62 所示。

图 2.61　打开【颜色】面板　　　　图 2.62　选择【放射状】选项后的面板

（4）在面板左下角用鼠标左键单击渐变调节滑块，选中该滑块，然后在颜色选择框中选择一种颜色，并在颜色深度调节框中拖动滑块调节所选颜色的深度。

（5）用相同的方法对另一个渐变调节滑块的颜色和深度进行设置，此时在颜色预览框中可看到设置的渐变色效果。

> **注意：** 在【颜色】面板中拖动渐变调节滑块的位置，可调节颜色的渐变过程。用户还可在渐变调节进度条的空白区域上单击鼠标左键增加新的渐变调节滑块，以制作出具有多重颜色渐变效果的渐变色。如果要删除新增的渐变调节滑块，只需按住鼠标左键，将其拖动到【颜色】面板外即可。

（6）渐变色调整好后，将鼠标光标移动到要填充渐变色的图形中，当鼠标光标变为 📣 形状时，单击鼠标左键，即可为图形填充设置的渐变色，如图 2.63 所示。

> **注意：** 利用颜料桶工具填充渐变色时，应注意对锁定填充按钮 ⬛ 状态的切换。若要使渐变色在不同的填充

区域分别具备各自的渐变范围和方式，互不影响，应将该按钮设置为未按下状态；若要为场景中的同一种渐变色应用统一的渐变范围和方式，则需要在填充颜色前按下该按钮。对于这一点，要注意区分，并根据实际情况合理利用。

（7）填充渐变色后，还需要对其填充位置和渐变方式进行调整。单击【绘图】工具栏中的填充变形工具 📟 。

（8）将鼠标光标移动到图形中的渐变色上，当鼠标光标变为 🖑 形状时，单击鼠标左键，此时图形上将出现如图 2.64 所示的调节框。

图 2.63　为图形填充渐变色

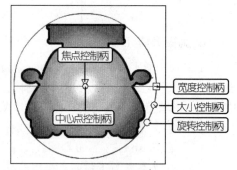

图 2.64　图形上出现的渐变色调节框

- **中心点控制柄**：用于更改渐变色的中心点。
- **焦点控制柄**：用于改变放射状渐变的焦点，只有当选择放射状渐变时，才显示焦点控制柄。
- **宽度控制柄**：用于调整渐变色的填充宽度。
- **大小控制柄**：用于调整渐变色的填充大小。
- **旋转控制柄**：用于调整渐变色的填充角度。

（9）将鼠标光标移动到中心点控制柄上，按住鼠标左键并拖动鼠标光标，调整渐变色的中心点位置，如图 2.65 所示。

（10）将鼠标光标移动到焦点控制柄上，按住鼠标左键并拖动鼠标光标，调整渐变色的填充焦点，如图 2.66 所示。

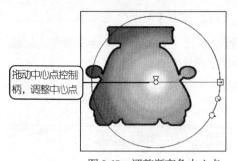

图 2.65　调整渐变色中心点

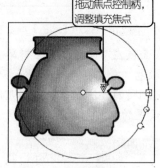

图 2.66　调整渐变色焦点

（11）将鼠标光标移动到宽度控制柄上，按住鼠标左键并拖动鼠标光标，调整渐变色的填充宽度，如图 2.67 所示。

（12）将鼠标光标移动到大小控制柄上，按住鼠标左键并拖动鼠标光标，调整渐变色的填充大小，如图 2.68 所示。

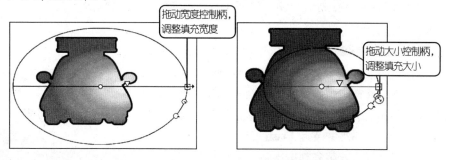

图 2.67　调整渐变色填充宽度　　　　图 2.68　调整渐变色填充大小

（13）将鼠标光标移动到旋转控制柄上，按住鼠标左键并拖动鼠标光标，调整渐变色的填充角度，如图 2.69 所示。在场景中的空白位置单击鼠标左键，结束对渐变色的调整，调整后的效果如图 2.70 所示。

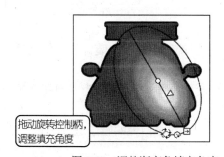

图 2.69　调整渐变色填充角度　　　　图 2.70　调整后的填充效果

4．为图形添加线条轮廓

在 Flash CS3 中，除了利用颜料桶工具为封闭图形填充颜色外，还可利用墨水瓶工具为矢量图添加指定颜色的线条轮廓。使用墨水瓶工具为图形添加轮廓的具体操作步骤如下：

（1）单击【绘图】工具栏中的墨水瓶工具 。

（2）在【颜色】区域中单击 按钮，在弹出的颜色列表中选择一种颜色作为线条轮廓的颜色，然后在【属性】面板中设置线条的粗细和样式。

（3）将鼠标光标移至场景中要添加线条轮廓的图形上，当鼠标光标变为 形状（如图 2.71 所示）时，单击鼠标左键，即可为该图形添加指定颜色的线条轮廓，如图 2.72 所示。

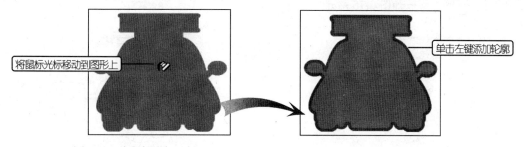

图 2.71　将鼠标光标移动到图形上　　　　图 2.72　添加轮廓后的效果

2.3.2 典型案例——为"小白兔"卡通图形填充颜色

【案例目标】

本案例将利用所学的滴管工具、墨水瓶工具和颜料桶工具配合使用填充变形工具和【颜色】面板为前面绘制的"小白兔"卡通图形填充颜色。通过本案例，读者应熟悉并掌握 Flash CS3 中颜色填充工具的使用方法，并学会利用【颜色】面板对颜色进行调整。填充颜色后的"小白兔"卡通图形效果如图 2.73 所示。

图 2.73 填充颜色后的"小白兔"卡通图

素材位置：【\第 2 课\素材\绘制小白兔.fla】

源文件位置：【\第 2 课\源文件\为小白兔填色.fla】

操作思路：

（1）使用墨水瓶工具为装饰物添加轮廓，并利用滴管工具提取装饰物的填充色，用提取的颜色填充袖口部分。

（2）使用颜料桶工具并利用【颜色】面板对颜色进行适当调整，为卡通图形的不同部分填充颜色。

（3）在【颜色】面板中调整渐变色，并使用渐变色对小白兔的鞋子进行填充。然后，将图形中用于划分图形明暗区域的多余线条删除。

【操作步骤】

具体操作步骤如下：

（1）打开"绘制小白兔"卡通轮廓图，并将其另存为"为小白兔填色.fla"，如图 2.74 所示。

（2）单击【绘图】工具栏中的墨水瓶工具，在【颜色】区域中单击按钮，在弹出的颜色列表中选择深红色作为线条轮廓的颜色，在【属性】面板中将线条粗细设置为"2"。

（3）将鼠标光标移动到小白兔书包的五角星上，单击鼠标左键，为该图形添加深红色的线条轮廓，效果如图 2.75 所示。

图 2.74 小白兔轮廓图

使用墨水瓶工具添加轮廓

图 2.75 为五角星添加线条轮廓

（4）单击【绘图】工具栏中的 按钮，选中颜料桶工具。单击【颜色】区域中的 按钮，在弹出的颜色列表中选择粉红色作为颜料桶工具的填充色。单击【选项】区域中的 按钮，将颜料桶工具的填充方式设置为"封闭小空隙"。

（5）将鼠标光标移动到小白兔的裙子部分，单击鼠标左键，为该区域填充颜色，效果如图 2.76 所示。

（6）在 Flash CS3 界面右侧的【颜色】面板中向下拖动颜色深度调节框中的滑块，将粉红色的深度加深，如图 2.77 所示。

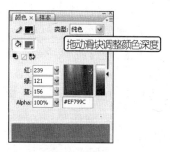

图 2.76 为裙子填充颜色　　　　　图 2.77 调整颜色深度

（7）将鼠标光标移动到小白兔的头花部分，单击鼠标左键，为该区域填充调整后的颜色。用同样的方法将颜色深度调节框中的滑块向上拖动，将颜色深度减淡，并将其填充到头部的耳朵部分，效果如图 2.78 所示。

（8）单击【颜色】区域中的 按钮，在弹出的颜色列表中选择粉红色作为颜料桶工具的填充色，并调节颜色深度，然后使用颜料桶工具对小白兔头花的内部区域进行填充，效果如图 2.79 所示。

图 2.78 为头花和耳朵填充颜色　　　　图 2.79 填充头花的内部区域

（9）使用同样的方法在【颜色】面板中将粉红色的深度做适当调整，然后使用调整后的颜色填充脸和手，效果如图 2.80 所示。

（10）重新设置颜料桶工具的填充色，并为眼睛和鼻子填充黑色，为嘴填充红色，效果如图 2.81 所示。

为脸和手填充颜色

为眼睛和鼻子等图形区域填充颜色

图 2.80　为脸和手填充颜色　　　　图 2.81　为眼睛、鼻子和嘴填充颜色

（11）单击【颜色】区域中的 按钮，将颜料桶工具的填充色设置为浅蓝色，为小白兔的眼眶填充颜色，效果如图 2.82 所示。

（12）单击【颜色】区域中的 按钮，将颜料桶工具的填充色设置为白色，为小白兔的脸和手的其他部分填充颜色；然后，将颜料桶工具的填充色设置为粉红色，为小白兔的袖子部分填充颜色，效果如图 2.83 所示。

为眼眶填充颜色

图 2.82　为眼眶填充颜色　　　　图 2.83　为脸和手的其他部分及袖子填充颜色

（13）在【颜色】面板的【类型】下拉列表框中选择【线性】选项，用鼠标选中左侧的渐变调节滑块，双击该滑块（如图 2.84 所示），弹出【混色器】面板，然后选择青色，并在颜色深度调节框中拖动滑块调节所选颜色的深度，如图 2.85 所示。

#0055AD

图 2.84　双击滑块　　　　　　　　图 2.85　调节颜色深度

（14）在渐变调节进度条的空白处单击鼠标左键，添加一个渐变调节滑块，对该滑块和右侧滑块的颜色进行调整，调整出青色线性渐变色，如图 2.86 所示。

（15）在【绘图】工具栏的【选项】区域中单击 按钮锁定填充，然后使用调整的渐变色对小白兔的鞋子部分进行填充，效果如图 2.87 所示。

图2.86　调整青色线性渐变色

图2.87　为鞋子部分填充颜色

（16）单击【颜色】区域中的 按钮，将颜料桶工具的填充色设置为青色，为小白兔的书包填充颜色，效果如图2.88所示。

（17）在【绘图】工具栏中单击选择工具 ，按住【Shift】键并使用鼠标左键依次单击图形中所有用于划分图形明暗区域的线条（如图2.89所示），然后按【Delete】键将这些线条删除，最终效果如图2.73所示。

图2.88　为书包填充颜色

图2.89　选中多余线条

案例小结

本案例通过为前面绘制的"小白兔"矢量卡通图形填充颜色练习了滴管工具、墨水瓶工具、颜料桶工具、填充变形工具以及【颜色】面板的使用方法。在【颜色】面板中调整渐变色以及利用填充变形工具对渐变色填充属性进行调整是本案例的重点，读者应仔细体会这部分的操作，并争取将其熟练掌握。

通过本案例的练习，读者对上述填充工具已经有所了解，在完成本案例练习后，建议利用不同的颜色对本案例重新进行填充，并比较最终效果之间的差异，以达到熟练掌握填充工具的目的，并提高自身对颜色的认识和把握能力。

2.4 上机练习

在学习完本课知识点并通过实例演练相关的操作方法后，相信读者已经能较为熟练地

应用本课所学的这些工具了，下面通过两个上机练习再次巩固本课所学内容。

2.4.1 绘制"小猫咪"卡通图形

本练习将绘制如图 2.90 所示的"小猫咪"卡通图形，主要练习铅笔工具、钢笔工具、颜料桶工具和椭圆工具的应用。

源文件位置：【\第 2 课\源文件\绘制小猫咪.fla】

操作思路：

- 将文档的场景尺寸设置为 300×350 像素。
- 使用钢笔工具配合铅笔工具绘制卡通图形的轮廓。其中，较为规则的曲线可用钢笔工具来绘制，其余描绘细节以及用于划分图形明暗区域的线条使用铅笔工具绘制。
- 使用椭圆工具绘制眼睛和脸上的红晕，然后使用颜料桶工具为图形的各部分填充相应的颜色。
- 将所有用于划分明暗区域的线条删除，并将图形中的线条设置为不同的粗细，以增强画面的层次感。

图 2.90 "小猫咪"卡通图形

2.4.2 绘制"显示器"矢量图

本练习将绘制一个"显示器"矢量图，并利用渐变色对其进行填充，主要练习线条工具、钢笔工具、颜料桶工具、填充变形工具以及【颜色】面板的使用。绘制的"显示器"矢量图如图 2.91 所示。

源文件位置：【\第 2 课\源文件\绘制显示器.fla】

操作思路：

- 将文档的场景尺寸设置为 400×350 像素。
- 使用线条工具配合钢笔工具绘制显示器的大致轮廓，然后利用线条工具在图形中划分出不同的颜色填充区域。

图 2.91 "显示器"矢量图

- 选择颜料桶工具，并在【颜色】面板中调整出银灰放射状渐变色。使用颜料桶工具为图形填充渐变色，然后使用填充变形工具对渐变色的填充属性做适当调整。
- 使用椭圆工具在显示器面板上绘制表现控制按钮的椭圆图形。
- 将除图形轮廓线条外的所有线条删除。

2.5 疑 难 解 答

问：为什么使用橡皮擦工具不能擦除导入的位图？

答： 这是因为没有将位图打散的缘故，只需在选中位图的情况下按【Ctrl+B】组合键将图片打散即可。除了位图，在 Flash 中，组合了的图形、文字和元件在未打散的情况下，都不能使用橡皮擦工具擦除。

问： 使用钢笔工具绘制了连续的曲线，但是其中一部分曲线的弧度未达到要求，这时应该怎么办？

答： 可以通过在曲线段上添加或删除控制柄的方式来调整这部分曲线的弧度，其方法是使用钢笔工具选中绘制的曲线，然后将鼠标光标移动到要调整的曲线上，当鼠标光标变为 ♠+ 或 ♠- 形状时，单击鼠标左键添加或删除控制柄。除此之外，还可通过使用部分选取工具来调整曲线，该工具的具体使用方法将在下一课中进行讲解。

问： 绘制的图形为什么无法使用颜料桶工具填充颜色？

答： 首先，可试着将颜料桶工具的填充模式设置为"封闭中等空隙"或"封闭大空隙"，看是否可以填充颜色；如果仍无法填充颜色，则需要确认绘制的图形是否完全封闭，通过增大场景的显示比例，可以轻松地找到没有封闭的图形位置，将其封闭后，即可顺利填充颜色。

2.6　课后练习

1. 选择题

（1）在 Flash CS3 中，针对各工具的特定附加功能按钮放置在【绘图】工具栏的（　　　）区域中。

　　A.【工具】　　　　　　　　B.【查看】

　　C.【颜色】　　　　　　　　D.【选项】

（2）在 Flash CS3 中，直线可通过（　　　）来绘制，曲线则一般通过（　　　）绘制。

　　A. 线条工具　　　　　　　B. 铅笔工具

　　C. 钢笔工具　　　　　　　D. 刷子工具

（3）如果只擦除图形中的颜色，应将橡皮擦工具的擦除模式设置为（　　　）。

　　A. 标准擦除　　　　　　　B. 内部擦除

　　C. 擦除所选填充　　　　　D. 擦除填色

（4）在设置多角星形工具的属性时，（　　　）不对多边形的绘制产生影响。

　　A. 线条粗细　　　　　　　B. 边数

　　C. 填充颜色　　　　　　　D. 星形顶点大小

2. 问答题

（1）简述钢笔工具的用法，并列出该工具不同鼠标光标形状的具体含义。

（2）刷子工具有几种绘图模式？各种模式之间有何区别？

（3）简述在【颜色】面板中调整放射状渐变色的基本方法。

3. 上机题

参照本课中绘制"小白兔"图形并为其填充颜色的方法，绘制如图 2.92 所示的"骏马"图形。

图 2.92　绘制的"骏马"图形

源文件位置：【\第 2 课\源文件\绘制骏马.fla】

提示：其绘制方法与绘制"小白兔"图形类似，只需要注意以下几点。

● 动画场景尺寸为 300×300 像素。

● 使用钢笔工具绘制曲线时，应注意线条的流畅度。

● 使用铅笔工具进行细节绘制。

● 使用油漆桶工具为骏马填充颜色。

第3课
文本应用与图形编辑

本课要点

- Flash CS3 中文本工具的应用
- Flash CS3 中图形编辑工具的应用
- Flash CS3 中对象绘制模式的应用

具体要求

- 掌握利用文本工具输入文字以及设置文字属性的基本方法
- 掌握应用选择工具、部分选取工具和任意变形工具等编辑图形的基本方法
- 了解并掌握利用对象绘制模式绘制对象的方法
- 掌握利用合并对象功能对绘制的对象进行合并的基本方法

本课导读

使用 Flash CS3 中的文本工具，可以在动画中添加文字，并对文字进行编辑和样式设置，在动画制作中起着十分重要的作用。选择工具、部分选取工具、套索工具和任意变形工具是 Flash CS3 中的常用图形编辑工具，利用这些工具可以对图形进行选择、移动、复制、变形以及旋转等基本操作。而利用 Flash CS3 新增的对象绘制模式和合并对象功能则可绘制对象，并通过联合、交集和打孔等操作对绘制的对象进行编辑。

- 文本工具：输入文字、对文字内容进行编辑以及对文字样式进行设置。
- 选择工具：对图形进行选择、移动、复制以及对图形形状进行简单调整。
- 部分选取工具：对图形进行选择并通过调整柄对图形形状进行调整。
- 套索工具：对图形中的某一部分进行选择。
- 对象绘制模式与合并对象功能：配合绘图工具绘制对象，并对对象进行编辑。

3.1 Flash CS3 中的文本应用

文字是 Flash 动画重要的组成部分之一，无论 MTV、网页广告还是趣味游戏，都会或多或少地涉及到文字的应用。通过 Flash CS3 提供的文本工具，制作者可以方便地输入相应的文字，并对其内容和样式进行编辑和设置；除此之外，还可通过创建动画使文字具备特定的动画效果。

3.1.1 知识讲解

Flash CS3 中的文字输入和编辑主要通过文本工具来实现，下面我们就对利用文本工具输入文字以及设置文字样式的方法进行讲解。

1. 输入文字

在 Flash CS3 中，利用文本工具输入文字的具体操作步骤如下：

（1）在【绘图】工具栏中单击文本工具**A**。

（2）将鼠标光标移至场景中，当鼠标光标变为十A形状时，单击鼠标左键，在场景中创建一个文字输入区域，如图 3.1 所示。

（3）此时，文字输入区域中有一个闪烁的光标，表示当前处于文字输入状态，切换到相应的输入法，然后在文字输入区域中输入需要的文字（如图 3.2 所示）。输入文字时，文字输入区域会根据输入文字的大小和数量自动调整大小。

（4）输入文字后，用鼠标光标单击文字输入区域外的任意空白处，即可在场景中完成文字的输入，如图 3.3 所示。

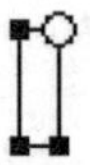

图 3.1　文字输入区域 　　　　图 3.2　输入文字　　　　　　图 3.3　完成文字输入

（5）若要对其中的文字进行更改，可在选中文本工具的情况下在文字上方单击鼠标左键，使其重新出现文字输入区域。

（6）在文字输入区域中按住鼠标左键并拖动鼠标选中要修改的文字（如图 3.4 所示），然后输入新文字，即可对选中的文字进行修改，如图 3.5 所示。

图 3.4　选中要修改的文字 　　　　　　　图 3.5　修改文字

注意： 若要删除不需要的文字，只需选中要删除的文字，然后按【Delete】键即可。

（7）若要添加文字，可在选中文本工具的情况下在文字上方单击鼠标左键，使其重新出现文字输入区域，在要添加文字的位置单击鼠标左键，使其出现文字输入光标（如图

3.6 所示），然后输入要添加的文字，如图 3.7 所示。

在要插入文字处单击鼠标

图 3.6　出现文字输入光标　　　　　　　图 3.7　添加文字

技巧： 将鼠标光标放置到文字输入区域右上角的调整柄上，当鼠标光标变为 ↔ 形状时，按住鼠标左键将鼠标左右或上下拖动（如图 3.8 所示），可改变文字输入区域的宽度和长度，效果如图 3.9 所示。

按住鼠标左键并拖动鼠标

图 3.8　将鼠标光标放置到调整柄上　　　　　图 3.9　调节文字输入区域后的效果

2. 设置文字样式

在 Flash CS3 中，对文字样式的设置主要在【属性】面板中进行。利用【属性】面板对文字样式进行设置的具体操作步骤如下：

（1）在【绘图】工具栏中选中文本工具后，场景下方的【属性】面板将呈现如图 3.10 所示的状态。

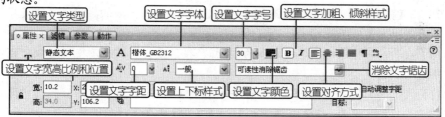

图 3.10　选中文本工具后的【属性】面板状态

（2）在场景中选中要设置样式的文字，如图 3.11 所示。

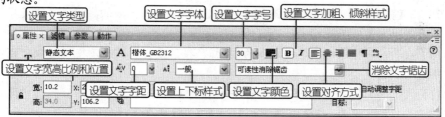

图 3.11　选中文字

（3）在【属性】面板的 静态文本 下拉列表框中设置文字的类型，其中主要有【静态文本】、【动态文本】和【输入文本】3 个选项，这里选择【静态文本】选项。

注意： 静态文本主要应用于动画中不需要变更的文字，是最常用的一种文字类型；动态文本通常配合 ActionScript 脚本使用，使文字根据相应变量的变更而显示不同的内容；输入文本则在动画中划定一个文字输入区域，供用户在其中输入相应的文字内容。

（4）在 [文鼎新艺体简 ▾] 下拉列表框中单击 ▾ 按钮，在弹出的下拉列表中选择需要的字体。例如，将字体设置为"华文行楷"，其效果如图 3.12 所示。

（5）选中要修改字号的文字，然后在 [30 ▾] 数值框中单击 ▾ 按钮，按住鼠标左键上下拖动滑块，调节文字的字号，其效果如图 3.13 所示。

图 3.12　设置字体后的效果  　　　　　　　图 3.13　设置字号后的效果

技巧： 在【字号】数值框中直接输入相应的数字，同样可以设置文字的字号。

（6）选中要修改颜色的文字，单击 ■ 按钮，在打开的颜色列表中选择所需颜色，改变文字的颜色。例如，将"输出"文字的颜色设置为蓝色，其效果如图 3.14 所示。

（7）单击 [B] 和 [I] 按钮，可为文字设置加粗和倾斜样式，其效果如图 3.15 所示。

图 3.14　设置文字颜色  　　　　　　　图 3.15　设置文字加粗和倾斜样式

（8）单击 [≣]、[≣]、[≣] 和 [≣] 按钮，可对文字的对齐方式进行设置。这 4 个按钮从左到右分别为【左对齐】、【居中对齐】、【右对齐】和【两端对齐】。

（9）在【宽】、【高】、【X】和【Y】文本框中输入不同的数值，可改变场景中文字的宽高比例和位置。

（10）在 [AV 0 ▾] 数值框中单击右侧的 ▾ 按钮，按住鼠标左键上下拖动滑块，可调节文字的间距。

（11）在 [Aᵃ 一般 ▾] 下拉列表框中单击右侧的 ▾ 按钮，在弹出的下拉列表中设置文字的上下标样式，主要有【一般】、【上标】和【下标】3 个选项供选择。

（12）在 [可读性消除锯齿 ▾] 下拉列表框中选择消除锯齿选项，主要有【使用设备字体】、【位图文本（未消除锯齿）】、【动画消除锯齿】、【可读性消除锯齿】和【自定义消除锯齿…】5 个选项供选择。

注意： 在输入文字之前，也可对文字的样式进行设置；设置后，使用文本工具在场景中输入的文字会自动采用所设置的样式。

3.1.2　典型案例——制作阴影文字

案例目标

本案例将利用文本工具输入文字并对文字的样式进行设置，然后对文字进行重叠，使其表现出阴影效果。通过本案例的练习，读者应熟悉文本工具的使用方法，并学会该工具

的简单应用。本案例制作的阴影文字效果如图 3.16 所示。

图 3.16　阴影文字效果

源文件位置：【\第 3 课\源文件\阴影文字.fla】

操作思路：

（1）选中文本工具，并对文字样式进行设置，然后在场景中输入文字，并按【Ctrl+B】组合键将文字打散。

（2）为打散的文字填充渐变色，然后按【Ctrl+G】组合键将其组合在一起。

（3）使用文本工具输入相同的文字。

（4）将文字叠放到打散文字的上方。

操作步骤

本案例主要练习文本工具的使用方法，其具体操作步骤如下：

（1）新建一个 Flash 空白文档，将其保存为"阴影文字.fla"。

（2）在【属性】面板中将场景尺寸设置为 400×150 像素，将背景颜色设置为深灰色。

（3）在【绘图】工具栏中单击文本工具**A**。

（4）在【属性】面板中单击 文鼎新艺体简 ▾ 下拉列表框中的 ▾ 按钮，在弹出的下拉列表中选择【宋体】选项。

（5）单击 30 ▾ 数值框右侧的 ▾ 按钮，按住鼠标左键上下拖动滑块，将文字的字号调节为 48。单击 ■ 按钮，在打开的颜色列表中选择蓝色作为文字的颜色。

（6）设置完成后，将鼠标光标移动到场景中，单击鼠标左键，然后输入"阴影文字"文字，效果如图 3.17 所示。

（7）用选取工具选择文字，按两次【Ctrl+B】组合键将文字打散，然后使用颜料桶工具为打散的文字填充蓝色渐变色，并使用填充变形工具对渐变色填充方式进行适当的调整，效果如图 3.18 所示。

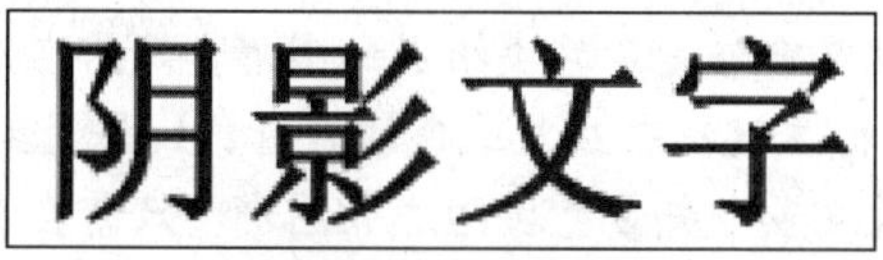

图 3.17　输入文字 　　　　　　　　　　图 3.18　填充渐变色

> **说明：** 在文本工具中，无法直接将渐变色作为文字的填充色，所以需要将文字打散为矢量图，然后再为其填充渐变色。

（8）在【绘图】工具栏中单击选择工具 ▸，然后使用选择工具选中填充渐变色的文字，按【Ctrl+G】组合键将文字组合在一起。

（9）使用选择工具将组合后的文字拖动到蓝色文字的上方，并使其位置与该文字出

现一定程度的偏差（如图 3.19 所示），从而表现出立体的效果。设置完成后的阴影文字效果如图 3.16 所示。

图 3.19　叠放文字

案例小结

本案例利用文本工具输入文字并对文字的样式进行设置，通过打散文字、填充渐变色和组合等操作，使文字表现出立体字的效果。本案例只列举了文本工具应用中的一种简单方式，在文本工具的实际应用中，还可通过与 Flash CS3 的其他基本绘图和编辑工具配合使用，从而巧妙地制作出各种精美的文字效果。

3.2　编辑图形

在 Flash CS3 中，除了对图形进行绘制外，还可利用 Flash CS3 提供的编辑工具对图形进行编辑，使其具备更好的画面表现效果。在本节中，就将对利用编辑工具对图形进行编辑的方法进行讲解。

3.2.1　知识讲解

在 Flash CS3 中，用于图形编辑的工具主要有选择工具、部分选取工具、套索工具和任意变形工具 4 种。下面就对利用这些工具编辑图形的常用方法进行讲解。

1. 选择图形

在 Flash CS3 中，对图形的选择主要通过选择工具和套索工具来实现。

1）使用选择工具选择图形

选择工具是选择图形时最常用的工具，在通常情况下都使用该工具选择图形。使用选择工具选择图形的方法如下。

● **选择单个图形：** 若要选取由一条线段或单个矢量色块组成的图形，只需在【绘图】工具栏中单击选择工具 ，然后用鼠标左键单击线段或色块即可，如图 3.20 所示。

● **框选多个图形：** 若要选取由多条线段或多个矢量色块组成的图形，只需在【绘图】工具栏中单击 按钮，按住鼠标左键将要选取的线条或色块框选即可，如图 3.21 所示。

● **单击选择多个图形：** 若要选取一个复杂图形中的多个不同线条及色块或选择分布在场景中不同区域的多个图形，只需在【绘图】工具栏中单击选择工具 ，然后按住【Shift】键用鼠标依次单击要选取的线条或者色块即可，如图 3.22 所示。

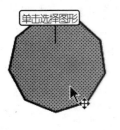
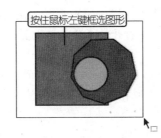
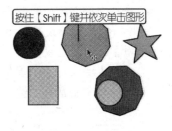

图 3.20　选择单个图形　　　　图 3.21　框选多个图形　　　　图 3.22　单击选择多个图形

技巧： 选取多个图形时，如果不慎选择了不需要的图形，只需按住【Shift】键，然后再次单击该图形即可。

2）使用套索工具选择图形

Flash CS3 中的套索工具通常用于选取不规则的图形部分或对图形中的某一部分进行选取。使用套索工具选择图形的方法如下。

● **选取大致范围：** 单击【绘图】工具栏中的套索工具 ⌷，将鼠标光标移动到要选取图形的上方，当鼠标光标变为 ⌷ 形状时，按住鼠标左键并拖动鼠标，在图形上勾勒要选择的大致图形范围，如图 3.23 所示；将选择范围全部勾勒后，释放鼠标左键，即可将勾勒的图形范围全部选取，选择的图形区域如图 3.24 所示。

图 3.23　勾勒图形范围　　　　　　　图 3.24　选择的图形区域

注意： 套索工具只能选取矢量图，如果对象为文字、元件或位图，则需要按【Ctrl+B】组合键将其打散，然后再利用套索工具进行选取。

● **精确选取图形：** 单击【绘图】工具栏中的套索工具 ⌷，在【选项】区域中单击 ⌷ 按钮（【多边形模式】按钮），将鼠标光标移动到要选取图形的上方，当鼠标光标变为 ⌷ 形状时，在图形中要选取区域的边缘单击鼠标左键，建立一个选择点，将鼠标光标沿图形轮廓移动并再次单击鼠标左键，建立第 2 个选择点，用同样的方法逐步勾勒图形的精确选择区域，如图 3.25 所示；将图形全部勾勒后，双击鼠标左键封闭选择区域即可，选择的图形区域如图 3.26 所示。

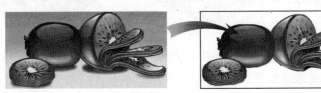

图 3.25　勾勒精确选择区域　　　　图 3.26　选择的图形区域

● 选择色彩范围：单击【绘图】工具栏中的套索工具🔎，在【选项】区域中单击🪄按钮（【魔术棒设置】按钮），在打开的【魔术棒设置】对话框中对【阈值】和【平滑】参数进行设置（如图 3.27 所示），然后在【选项】区域中单击🪄按钮（【魔术棒】按钮），并将鼠标光标移动到图形中要选取的色彩上方，当鼠标光标变为🪄形状时单击鼠标左键，即可选取指定颜色及在阈值设置范围内的相近颜色区域，如图 3.28 所示。

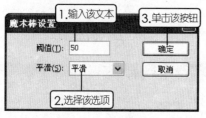

图 3.27　设置参数　　　　　　　　图 3.28　选择的色彩范围

> 注意：【魔术棒设置】对话框中的【阈值】文本框用于定义选取范围内的颜色与单击处像素颜色的相近程度，输入的数值越大，选取的相邻区域范围就越大。【平滑】下拉列表框用于指定选取范围边缘的平滑度，主要包括【像素】、【粗略】、【正常】和【平滑】4 个选项。

2．调整图形形状

在 Flash CS3 中，利用选择工具和部分选取工具可以对图形进行形状调整。下面就对使用这两种工具调整图形形状的方法进行讲解。

1）使用选择工具调整图形形状

使用选择工具可以对图形形状进行简单调整，具体操作步骤如下：

（1）在【绘图】工具栏中单击选择工具🔺。

（2）将鼠标光标移动到场景中要调整形状的图形边缘，当鼠标光标变为🔺形状时，按住鼠标左键并拖动鼠标，即可看到形状调整的预览效果，如图 3.29 所示。

（3）将图形调整到满意的形状后，释放鼠标左键，即可得到预览的调整效果，如图 3.30 所示。

> 注意：当鼠标光标变为🔺形状时，可对图形的弧度进行调整；当鼠标光标变为🔺形状时，可对图形的长度进行调整，如图 3.31 所示。

图 3.29　预览效果　　　　图 3.30　调整后的效果　　　　图 3.31　调整线条长度

在使用选择工具选择图形后，【绘图】工具栏的【选项】区域中将出现相应的调整按钮，这些按钮主要用于对选中图形的外观进行细微调整，其具体功能和含义如下：

● 在选中图形后，单击【贴紧至对象】按钮 ⋒，将使选中的图形具有自动吸附到其他图形对象的功能，该功能可以使图形自动搜索线条的端点和图形边框，并吸附到该图形上，图 3.32 所示的即为图形吸附到线条后的效果。

● 在选中图形后，单击【平滑】按钮 ⤳S，可使选中图形的形状趋于平滑，其效果如图 3.33 所示。

● 在选中图形后，单击【伸直】按钮 ⤳⟨，可使图形的形状趋于直线化，其效果如图 3.34 所示。

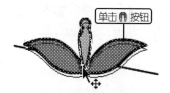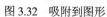

图 3.32　吸附到图形　　　　图 3.33　平滑化图形　　　　图 3.34　直线化图形

注意： 用户可以对 ⤳S 按钮和 ⟨ 按钮进行多次单击，每单击一次，将在上一次调节的基础上对图形形状做进一步的调整。

2）使用部分选取工具调整图形形状

使用部分选取工具可以通过调节图形上的节点，对图形形状进行较为复杂的调整，其具体操作步骤如下：

（1）在【绘图】工具栏中单击部分选取工具 ▶。

（2）将鼠标光标移动到场景中要调整形状的图形边缘，双击鼠标左键，此时在图形边缘上将出现相应的节点，如图 3.35 所示。

（3）将鼠标光标移动到要修改位置的节点上，当鼠标光标变为 ▶。形状时，按住鼠标左键并拖动鼠标，对节点的位置进行调整，如果 3.36 所示。

图 3.35　出现的节点　　　　图 3.36　调整节点位置

（4）若要调整图形的弧度，将鼠标光标移动到要调整弧度的位置，单击该位置的节点，出现相应的调整柄。

（5）将鼠标光标移动到调整柄上，当鼠标光标变为 ▷ 形状时，按住鼠标左键并拖动鼠标，对该位置的图形弧度进行调整，如图 3.37 所示。

（6）调整到所需的形状后，在场景的空白位置单击鼠标左键，完成对图形形状的调整，如图 3.38 所示。

当光标变为 ⟍ 形状时，按住
鼠标左键并拖动鼠标

图 3.37　调整图形弧度　　　　图 3.38　调整后的效果

3. 旋转与缩放图形

在 Flash CS3 中，使用任意变形工具可以对选中的图形进行旋转、倾斜、缩放、翻转、扭曲和封套等操作。

1）旋转图形

使用任意变形工具旋转图形的具体操作步骤如下：

（1）单击【绘图】工具栏中的任意变形工具▓。

（2）使用任意变形工具在场景中选中要旋转的图形，此时图形周围将出现如图 3.39 所示的控制点。

（3）在【选项】区域中单击【旋转与倾斜】按钮♫，然后将鼠标光标移动到图形四角的控制点上，当鼠标光标变为↻形状时，按住鼠标左键并拖动鼠标，即可看到图形旋转的预览效果，如图 3.40 所示。

当光标变为 ↻ 形状时，按住
鼠标左键并拖动鼠标

图 3.39　选中图形　　　　　图 3.40　旋转预览效果

（4）旋转到适当角度后，释放鼠标左键，如图 3.41 所示。在场景的空白位置单击鼠标左键，完成对图形的旋转，旋转后的效果如图 3.42 所示。

释放鼠标左键完成旋转

图 3.41　旋转图形　　　　　图 3.42　旋转后的图形

技巧：按住【Shift】键并拖动鼠标，可使图形沿中心点做规则角度的旋转（如45°和90°等），如图3.43 所示；按住【Alt】键并拖动鼠标，可使图形以鼠标拖动的控制点的对角点为中心旋转，如图 3.44 所示。

图 3.43　以规则角度旋转图形　　　　　　图 3.44　以对角点为中心旋转图形

2）倾斜图形

使用任意变形工具倾斜图形的具体操作步骤如下：

（1）单击【绘图】工具栏中的任意变形工具，然后使用任意变形工具在场景中选中要倾斜的图形，此时图形周围将出现相应的控制点。

（2）在【选项】区域中单击【旋转与倾斜】按钮，将鼠标光标移动到要倾斜图形的水平或垂直边缘上，当鼠标光标变为形状时，在按住【Alt】键的同时按住鼠标左键并拖动鼠标，可将图形沿鼠标拖动方向倾斜，同时可看到图形倾斜的预览效果，如图3.45 所示。

（3）调整到适当倾斜状态后，释放鼠标左键并在场景的空白位置单击鼠标左键，完成对图形的倾斜（倾斜后的效果如图3.46 所示）。

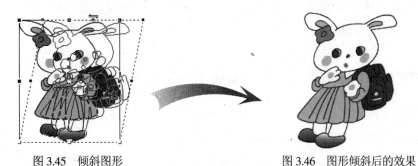

图 3.45　倾斜图形　　　　　　　　　图 3.46　图形倾斜后的效果

3）缩放图形

使用任意变形工具缩放图形的具体操作步骤如下：

（1）单击【绘图】工具栏中的任意变形工具，然后使用任意变形工具在场景中选中要缩放的图形，此时图形周围将出现相应的控制点。

（2）在【选项】区域中单击【缩放】按钮，将鼠标光标移动到要缩放图形四角的任意一个控制点上，当鼠标光标变为形状或形状时，按住鼠标左键并拖动鼠标，此时

可看到图形缩放的预览效果，如图 3.47 所示。

（3）将图形缩放到适当大小后，释放鼠标左键并在场景的空白位置单击鼠标左键，完成对图形的缩放（缩放后的效果如图 3.48 所示）。

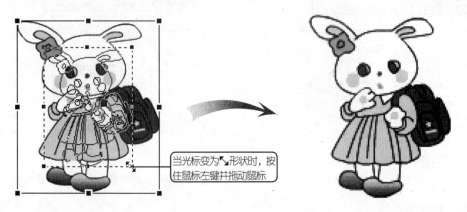

图 3.47　缩放图形　　　　　　　　　　　　图 3.48　图形缩放后的效果

（4）若要水平或垂直缩放图形，只需将鼠标光标移动到图形水平或垂直平面上的任意一个控制点上，当鼠标光标变为↔形状或↕形状时，按住鼠标左键并拖动鼠标（如图 3.49所示），即可对图形进行水平或垂直缩放（缩放后的效果如图 3.50 所示）。

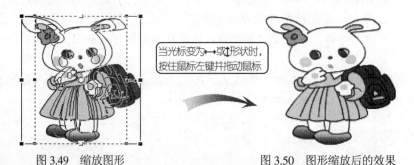

图 3.49　缩放图形　　　　　　　　　　　　图 3.50　图形缩放后的效果

技巧： 在按住【Shift】键的同时按住鼠标左键拖动位于四角的控制点可等比例缩放图形。

4）翻转图形

使用任意变形工具翻转图形的具体操作步骤如下：

（1）单击【绘图】工具栏中的任意变形工具 ，然后使用任意变形工具在场景中选中要翻转的图形，此时图形周围将出现相应的控制点。

（2）在【选项】区域中单击【缩放】按钮 ，将鼠标光标移动到图形水平或垂直平面上的任意一个控制点上，当鼠标光标变为↔形状或↕形状时，按住鼠标左键并拖动鼠标，此时即可看到图形翻转的预览效果，如图 3.51 所示。

（3）将图形翻转后，释放鼠标左键并在场景的任意空白位置单击，完成对图形的翻转，效果如图 3.52 所示。

图 3.51　翻转图形　　　　　　　　　　图 3.52　图形翻转后的效果

技巧：在拖动鼠标时，若按住【Alt】键，则可将图形以其中心点为中心进行对称翻转，如图 3.51 所示；若不按住【Alt】键，则可将图形以其对角点为中心进行对称翻转，如图 3.53 所示。

图 3.53　以对角点为中心对称翻转图形

5）扭曲图形

使用任意变形工具扭曲图形的具体操作步骤如下：

（1）单击【绘图】工具栏中的任意变形工具，然后使用任意变形工具在场景中选中要扭曲的图形，此时图形周围将出现相应的控制点。

（2）在【选项】区域中单击【扭曲】按钮，然后将鼠标光标移动到图形四角的任意一个控制点上，当鼠标光标变为形状时，按住鼠标左键并拖动鼠标，如图 3.54 所示。

（3）将控制点拖动到适当位置后，释放鼠标左键并在场景的空白位置单击鼠标左键，完成对图形的扭曲，效果如图 3.55 所示。

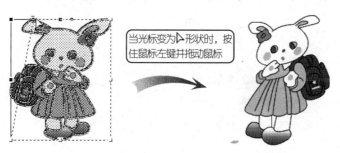

当光标变为形状时，按住鼠标左键并拖动鼠标

图 3.54　扭曲图形　　　　　　　　　　图 3.55　图形扭曲后的效果

技巧： 在拖动鼠标时按住【Shift】键，可以同时操作与此控制点对称的控制点。另外，⬚按钮和🔍按钮只能在所选对象为矢量图时使用，对于组合图形、文字、元件和位图，则需要将其打散，然后才能进行相关操作。

6）封套图形

使用任意变形工具封套图形的具体操作步骤如下：

（1）单击【绘图】工具栏中的任意变形工具⬚，然后使用任意变形工具在场景中选中要封套的图形，此时图形周围将出现相应的控制点。

（2）在【选项】区域中单击【封套】按钮🔘，然后将鼠标光标移动到图形的任意一个控制点上，当鼠标光标变为△形状时，按住鼠标左键并拖动鼠标，如图 3.56 所示。

（3）用同样的方法对图形周围的其他控制点进行调整，完成后在场景的空白位置单击鼠标左键，即可得到如图 3.57 所示的封套效果。

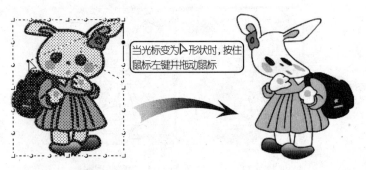

当光标变为△形状时，按住鼠标左键并拖动鼠标

图 3.56　调整控制点　　　　　图 3.57　图形封套后的效果

4. 移动、复制与删除图形

在 Flash CS3 中，除了对图形进行变形、缩放以及翻转等操作外，还可对图形进行移动、复制和删除。

1）移动图形

在 Flash CS3 中，移动图形的具体操作步骤如下：

（1）在【绘图】工具栏中单击选择工具▶。

（2）在场景中选中要移动的图形，然后在选中图形的状态下按住鼠标左键并拖动鼠标，对图形进行拖动，这时可看到图形移动的预览效果，如图 3.58 所示。

按住并拖动鼠标

图 3.58　移动图形

（3）将图形拖动到适当位置后，释放鼠标左键，即可将图形移动到该位置。

技巧： 若只需对图形位置进行细微的移动，可在选中该图形后通过按键盘上的方向键来调整。

2）复制图形

在 Flash CS3 中，复制图形的方法主要有以下两种。

● **利用选择工具复制：** 在【绘图】工具栏中单击选择工具，在场景中选中要复制的图形，然后在选中图形的状态下按住【Alt】键和鼠标左键并拖动鼠标，将图形拖动到要复制的位置后，释放【Alt】键和鼠标左键，即可将图形复制到该位置。

● **利用菜单复制：** 将鼠标光标移动到场景中要复制的图形上，单击鼠标右键，在弹出的快捷菜单中选择【复制】命令，然后将鼠标光标移动到场景的空白位置，单击鼠标右键，在弹出的快捷菜单中选择【粘贴】命令，即可将图形复制到该位置。

3）删除图形

在 Flash CS3 中，删除图形的具体操作步骤如下：

（1）在【绘图】工具栏中单击选择工具。

（2）使用选择工具在场景中选中要删除的图形。

（3）按键盘上的【Delete】键，将选中的图形删除。

5. 对齐与组合图形

在 Flash CS3 中，除了对单个图形进行复制或编辑外，有时还需要同时对多个图形进行编辑操作，其中最常用的就是对多个图形进行对齐和组合操作。

1）对齐图形

在编辑多个图形时，如果需要对图形之间的间距以及图形的排列方式进行精确的调整，就需要对图形进行对齐操作，具体操作步骤如下：

（1）使用选择工具在场景中选中要进行对齐操作的多个图形，如图 3.59 所示。

（2）选择【窗口】→【对齐】命令（或按【Ctrl+K】组合键），打开【对齐】面板，如图 3.60 所示。

（3）在该面板中单击【垂直中齐】按钮，即可对选中的图形以图形中心点为基准进行对齐操作，效果如图 3.61 所示。

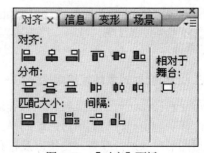

图 3.59　选择多个需要对齐的图形　　　　图 3.60　【对齐】面板

（4）在该面板中单击【水平平均间隔】按钮，即可将选中的图形以相同的水平间

隔距离进行排列，效果如图 3.62 所示。

图 3.61　垂直居中对齐的效果

图 3.62　水平平均间隔排列的效果

（5）用类似的方法单击面板中的相应按钮，可对选中图形的大小进行匹配以及对图形的位置进行分布等操作。

> **注意：** 通常情况下，对选中图形的对齐和排列是以图形之间的间距和相对位置为基准进行操作的；而当按下【对齐】面板中的【相对于舞台】按钮🔲后，相应的操作将以场景为基准来进行。

2）组合图形

在编辑图形的过程中，如果其中的多个图形需要作为一个整体进行移动、变形或缩放等编辑操作，可以通过组合图形的方式将其组合为一个图形，然后再对其进行相应的编辑，从而提高编辑的效率。在 Flash CS3 中，组合图形的具体操作步骤如下：

（1）使用选择工具选择要组合的多个图形，如图 3.63 所示。

（2）选择【修改】→【组合】命令（或按【Ctrl+G】组合键），对选中的图形进行组合，效果如图 3.64 所示。

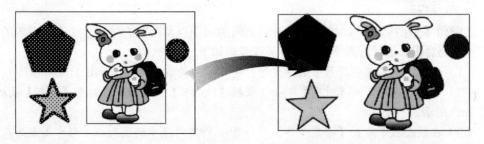

图 3.63　选中要组合的图形　　　　　　　图 3.64　图形组合后的效果

> **注意：** 如果要取消对图形的组合，可在选中组合图形的状态下选择【修改】→【取消组合】命令（或按【Ctrl+Shift+G】组合键）。另外，通过按【Ctrl+B】组合键打散图形的方式，也可取消对图形的组合。

6. 利用合并对象功能编辑图形

除了对图形进行上述几种编辑操作之外，Flash CS3 还提供了一个新功能——合并对象功能，该功能主要针对利用对象绘制模式绘制的图形对象进行编辑。利用合并对象功能，可以对图形对象进行联合、交集以及打孔等合并编辑。下面就对 Flash CS3 中新增的对象绘制模式和合并对象功能进行讲解。

1）对象绘制模式

在以前的 Flash 版本中，在绘制和编辑图形时，同一图层的各图形之间会互相影响，当其重叠时，位于上方的图形会将位于下方的图形覆盖，并对其形状造成影响（如绘制一个正方形并在其上方叠加一个圆形，然后将圆形移动到其他位置，会发现正方形被圆形覆盖的部分已被删除），这种绘图模式称为合并绘制模式，如图 3.65 所示。

Flash CS3 中新增的对象绘制模式则允许将图形绘制成独立的对象。该模式下绘制的图形在叠加时不会自动合并；在分离图形或重叠图形时，图形之间也不会互相影响，Flash 会将每个图形创建为独立的对象，并分别进行处理，如图 3.66 所示。

在 Flash CS3 中，支持对象绘制模式的绘图工具有：铅笔工具、线条工具、钢笔工具、刷子工具、椭圆工具、矩形工具和多角星形工具。使用对象绘制模式绘制图形对象的具体操作步骤如下：

（1）在【绘图】工具栏中选中支持对象绘制模式的工具，如多角星形工具。

（2）设置多角星形工具的线条颜色和填充色，然后在【选项】区域中单击【对象绘制】按钮[○]，开启对象绘制模式。

（3）使用多角星形工具在场景中绘制图形，此时绘制出来的图形将被自动添加蓝色边框，表示该图形被 Flash CS3 作为独立的对象进行处理，如图 3.67 所示。

图 3.65　合并绘制模式　　　　图 3.66　对象绘制模式　　　图 3.67　绘制的图形对象

注意： 若要关闭对象绘制模式，再次单击[○]按钮即可。

2）合并对象功能

利用合并对象功能，可以对对象绘制模式下绘制的图形对象进行合并编辑，具体操作步骤如下：

（1）使用选择工具选中要进行合并编辑的多个图形对象。

（2）选择【修改】→【合并对象】命令，然后在其子菜单中选择相应的合并命令，对选中的图形对象进行合并操作。

在合并对象功能中，主要有联合、交集、打孔和裁切 4 种合并模式，下面以如图 3.68 所示的两个图形对象为例对各合并模式的功能及含义进行介绍。

● **联合：** 选择【联合】命令，可以将两个或多个图形对象合成为单个图形对象，效果如图 3.69 所示。

● **交集：** 选择【交集】命令，将只保留两个或多个图形对象相交的部分，并将其合成为单个图形对象，效果如图 3.70 所示。

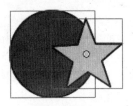
图 3.68 图形对象

图 3.69 联合的效果

图 3.70 交集的效果

- **打孔**：选择【打孔】命令，将使用位于上方的图形对象删除下方图形对象中的相应图形部分，并将其合成为单个图形对象，效果如图 3.71 所示。
- **裁切**：选择【裁切】命令，将使用位于上方的图形对象保留下方图形对象中的相应图形部分，并将其合成为单个图形对象，效果如图 3.72 所示。

图 3.71 打孔的效果

图 3.72 裁切的效果

3.2.2 典型案例——编辑"动物学校"动画场景

案例目标

本案例将使用 Flash CS3 中的绘图工具绘制动画场景中的各卡通图形，对前一课所学的知识进行巩固，然后应用本课所学的图形编辑工具、利用绘制的卡通图形编辑一个"动物学校"动画场景。通过本案例的练习，读者应熟悉并掌握 Flash CS3 中的对象绘制模式和合并对象功能的基本应用以及复制、缩放、翻转和组合等常用编辑操作。本案例编辑的动画场景效果如图 3.73 所示。

图 3.73 "动物学校"动画场景

源文件位置：【\第 3 课\源文件\动物学校.fla】

操作思路：

（1）使用绘图工具绘制本案例中的各卡通图形。

（2）对绘制的各图形分别进行组合，并对对象绘制模式下绘制的图形进行对象合并操作。

（3）将绘制的图形放置到场景中，并使用选择工具对相应的图形进行复制，然后使用任意变形工具对复制的图形进行缩放和翻转操作。

（4）使用文本工具输入文字，然后将相应文字打散并对其进行适当编辑。

操作步骤

本案例主要练习对图形的编辑操作，具体操作步骤如下：

（1）新建 Flash 文档，在【属性】面板中将场景尺寸设置为 550×400 像素，将背景色设置为白色，然后选择【文件】→【保存】命令，在打开的【另存为】对话框中将新建的 Flash 文档保存为"动物学校.fla"。

（2）在【绘图】工具栏中单击椭圆工具，将椭圆的线条颜色设置为无色、填充色设置为橘红色，并在场景中绘制一个橘红的太阳，如图 3.74 所示。然后，用铅笔工具绘制边缘轮廓，并用颜料桶工具将其填充成粉红色，如图 3.75 所示。

图 3.74　绘制太阳图形

图 3.75　填充太阳图形

（3）使用绘图工具绘制一个如图 3.76 所示的云朵图形。在【绘图】工具栏中单击选择工具，将选择工具移动到云朵图形上方，按住【Alt】键和鼠标左键并将鼠标向右下方拖动，将云朵图形复制两个。

（4）在【绘图】工具栏中单击任意变形工具，在【选项】区域中单击按钮，分别对复制的云朵图形进行缩放并调整其位置，然后将 3 个云朵图形组合在一起，如图 3.77 所示。

图 3.76　绘制云朵图形

图 3.77　组合云朵图形

（5）使用选择工具将组合的云朵图形拖动到太阳下方，效果如图 3.78 所示。

（6）使用钢笔和铅笔工具在场景中绘制椰子树轮廓并填充颜色，如图 3.79 所示。

图 3.78　放置云朵图形

图 3.79　绘制椰子树干图形

（7）使用铅笔工具和钢笔工具绘制椰树叶子轮廓，在【绘图】工具栏中选取颜料桶工具，将填充色设置为绿色并填充叶子，如图 3.80 所示。对叶子进行复制，然后选择【修改】→【变形】→【水平翻转】命令，翻转叶子，如图 3.81 所示。把叶子放到椰子树干上，如图 3.82 所示。

图 3.80　绘制叶子图形

图 3.81　翻转对象

图 3.82　组合对象

（8）使用铅笔工具和线条工具绘制画布轮廓，并用颜料桶工具填充颜色，如图 3.83 所示。

图 3.83　绘制画布的效果

（9）使用铅笔工具和钢笔工具绘制鸟的轮廓，如图 3.84 所示。

（10）在【绘图】工具栏中选取颜料桶工具，将填充色设置为紫色，填充鸟的身体；将填充色设置为黄色，填充鸟的嘴和脚（效果如图 3.85 所示）。

图3.84　绘制鸟轮廓　　　　　　　　图3.85　填充颜色

（11）使用同样的方法分别绘制猫、小兔子和松鼠卡通图形，并按【Ctrl+G】组合键对其分别进行组合，效果如图3.86、图3.87和图3.88所示。

图3.86　绘制猫图形　　　图3.87　绘制小兔子图形　　　图3.88　绘制松鼠图形

（12）使用选择工具依次将鸟、猫、小兔子和松鼠卡通图形拖动到场景中，并放置到相应的位置，如图3.89所示。

图3.89　放置卡通图形

（13）单击【绘图】工具栏中的矩形工具▢，将填充颜色设置为橘黄色，将矩形边角半径设置为"10"，绘制桌子和椅子，再用线条工具和铅笔工具绘制桌腿，然后填充颜色，效果如图3.90所示。然后，将桌椅拖动到场景中。

（14）使用文本工具输入"小动物学校"蓝色文字。

（15）按【Ctrl+B】组合键将文字打散，使用墨水瓶工具把文字边线填充为白色，然后按【Ctrl+G】组合键将其组合在一起，如图 3.91 所示。

图 3.90　绘制桌椅　　　　　　　　　图 3.91　组合文字

（16）将组合的文字拖动到场景中并放置到云朵上，完成本案例的制作。

案例小结

本案例首先绘制了编辑场景所需的所有卡通图形，对 Flash CS3 中的图形绘制与颜色填充工具的用法进行巩固。然后，通过对绘制的图形进行移动、复制、组合、缩放和翻转等操作，练习了选择工具和任意变形工具的基本操作，并同时对对象绘制模式、合并对象功能以及文本工具的应用进行了练习。

在本案例的制作过程中，应针对动画场景中各部分的特点，参照图形之间的相互关系，对各图形的大小和位置进行调整。在完成场景编辑之后，读者还可试着在场景中绘制并添加类似的卡通图形，使自己在练习工具应用的同时，了解并体会动画场景编辑过程中的一些操作技巧，以此提高自身对 Flash CS3 绘图工具和编辑工具的把握能力。

3.3　上　机　练　习

在学习本课知识点并通过实例演练相关的操作方法后，相信读者已经能较为熟练地应用文本工具以及本课所学的图形编辑工具了，下面通过两个上机练习再次巩固本课所学内容。

3.3.1　制作"欢乐鼠之家"卡通文字

本练习将利用文本工具和绘图工具制作如图 3.92 所示的"欢乐鼠之家"卡通文字，主要练习文本工具的使用方法，并了解配合使用文本工具和绘图工具的基本方法。

源文件位置：【\第 3 课\源文件\制作"欢乐鼠之家"卡通文字.fla】

操作思路：

图 3.92　"欢乐鼠之家"卡通文字

- 将文档的场景尺寸设置为 450×200 像素，将背景颜色设置为白色。
- 使用文本工具输入"欢乐鼠之家"文字。其中，文字字体为"方正琥珀繁体"、字号为"70"、颜色为"橙黄色"。
- 使用绘图工具绘制相应的气球、卡通鼠头部、尾巴和房屋图形，然后分别组合图形，并将其放置到文字周围的适当位置。

3.3.2 编辑"沙滩"动画场景

本练习将编辑一个"沙滩"动画场景（如图 3.93 所示），主要练习对象绘制模式、套索工具、任意变形工具和选择工具的使用。

图 3.93 "沙滩"动画场景

素材位置：【\第 3 课\素材\】
源文件位置：【\第 3 课\源文件\沙滩.fla】
操作思路：

- 将文档的场景尺寸设置为 550×400 像素，将背景颜色设置为白色。
- 单击【绘图】工具栏中的矩形工具 █，将填充颜色设置为紫色线性渐变色，在场景中绘制矩形。然后，把填充颜色设置为橘红色线性渐变色，绘制沙滩。
- 用矩形工具和铅笔工具绘制海水轮廓，然后将其填充成蓝色渐变色。
- 用铅笔工具绘制海鸥和白云图形。
- 选择【文件】→【导入】→【导入到舞台】命令，将"椰树.jpg"、"桶.jpg"和"螺.jpg"导入到舞台中。然后，分别选择【修改】→【位图】→【转换位图为矢量图形】命令，将位图转化为矢量图。
- 用部分选取工具单击多余部分，按【Delete】键将其删除，然后把图形拖动到合适的位置。

3.4 疑难解答

问：打开下载的源文件时，Flash CS3 为何提示没有相应的字体？这种情况该怎么处理？

答：这是因为该源文件中使用了某一种或几种特殊的字体，而用户的电脑中并没有安装这些字体，所以 Flash CS3 会出现这类提示。在遇到这种情况时，可视情况分别进行处理：如果该源文件中文字只在动画中起简单的辅助作用，并不是表现重点，则可在相应的提示对话框中选择使用默认字体，或在电脑中选中一种与该字体类似的字体进行替代；如果文字是该动画表现的重点且特定的效果必须通过这种字体进行表现，则需要为系统安装该字体，然后再打开该源文件。

问：将图形组合后，为什么无法对其再进行修改？

答：图形组合后，是可以对其进行修改的，方法是：使用鼠标左键双击该组合图形，打开【组】编辑界面，在该界面中对图形进行修改，修改完成后，单击【时间轴】面板左下角的 场景1 按钮，即可确认对组合图形的修改。

问：在组合图形后，为什么原来在组合图形上方的矢量图移到组合图形下方了？怎样将其重新放置到组合图形上方？

答：这是因为在 Flash CS3 中组合图形、元件、位图以及文字在显示层次上要优于矢量图的缘故。将位于下方的图形组合后，其显示层次要优于原来在上方的矢量图，所以出现了矢量图移到组合图形下方的情况，其解决方法是：将原来位于上方的矢量图也进行组合或将其转换为元件（关于元件的具体操作将在下一课中详细讲解），将其重新放置到组合图形上方。

另外，如果要改变两个或多个组合图形、元件、位图或文字的上下关系，可选中位于最下方的图形，单击鼠标右键，在打开的快捷菜单中选择【剪切】命令，然后在场景空白处单击鼠标右键，在弹出的快捷菜单中选择【粘贴】命令，将该图形粘贴到场景中，此时该图形将位于场景中所有图形的上方。用类似的方法进行操作，就可以对这些图形的上下关系进行调整。

3.5 课后练习

1. 选择题

（1）在使用选择工具复制图形时，需要按住的快捷键是（　　　）。

    A.【Ctrl】　　　　　　　　　　B.【Shift】

    C.【Alt】　　　　　　　　　　　D.【Tab】

（2）在选中图形后按【Ctrl+G】组合键，可以将选中的图形（　　　）。

    A. 组合　　　　　　　　　　　　B. 打散

    C. 联合　　　　　　　　　　　　D. 扭曲

（3）选择任意变形工具后，在【选项】区域中单击（　　　）按钮，可以对图形进行倾斜操作。

    A. 🔲　　　　　　　　　　　　　B. 🔲

    C. 🔲　　　　　　　　　　　　　D. 🔲

（4）【魔术棒设置】对话框中的【阈值】文本框用于定义选取范围内的颜色与单击处像素颜色的相近程度，输入的数值越大，选取的相邻区域范围就（　　　）。

    A. 越小　　　　　　　　　　　　B. 越平滑

    C. 越大　　　　　　　　　　　　D. 越精细

2. 问答题

（1）简述利用部分选取工具调整图形形状的方法。

（2）在 Flash CS3 中复制图形的方法主要有哪两种？分别简述其复制方法。

（3）简述合并绘制模式和对象绘制模式的区别。

（4）合并对象功能有什么作用？在 Flash CS3 中，各合并模式的具体功能是怎样的？

3. 上机题

（1）参照本课中制作"欢乐鼠之家"卡通文字的方法，制作如图 3.94 所示的"FOOD"卡通文字。

源文件位置：【\第 3 课\源文件\制作"FOOD"卡通文字.fla】

提示：其绘制方法与制作"欢乐鼠之家"卡通文字类似，只需要注意以下几点。

图 3.94　制作的"FOOD"卡通文字

- 设置动画场景尺寸为 300×150 像素、背景色为白色。使用文本工具输入"F　D"文字，其字体为"Arial Black"、字号为"90"、颜色为"绿色"。
- 使用椭圆工具在文字中央绘制两个绿色椭圆。使用绘图工具绘制狗和猫的轮廓图形，分别对其进行组合，然后放置到绿色椭圆上方。

（2）参照本课中制作"动物学校"动画场景的方法，编辑如图 3.95 所示的"桌面"动画场景。

源文件位置：【\第 3 课\源文件\编辑"桌面"动画场景.fla】

提示：其编辑方法与"动物学校"动画场景类似，只需要注意以下几点。

图 3.95　"桌面"动画场景

- 设置动画场景尺寸为 450×250 像素、背景色为深灰色。
- 使用绘图工具分别绘制表现桌面的渐变色多边形、显示器、书、水杯和香烟图形，然后分别对其进行组合。
- 将图形放置到场景中，将香烟图形复制两个，然后使用任意变形工具对场景中的图形进行缩放，并对各图形进行适当角度的旋转。

第 4 课
素材与元件应用

⬤ **本课要点**

- 📖 素材的应用
- 📖 元件的创建方法
- 📖 库的基本应用

⬤ **具体要求**

- 📖 了解 Flash CS3 中的素材类型，并掌握导入、编辑和应用素材的方法
- 📖 了解 Flash CS3 中的 3 种基本元件类型，并掌握元件的创建方法
- 📖 了解库的概念并掌握库的基本操作

⬤ **本课导读**

素材和元件是 Flash CS3 中两个重要的基本概念，在制作动画的过程中，也需要经常应用素材和元件。利用素材，可以将 Flash CS3 无法直接创建的图片、声音以及视频内容应用到动画中，从而在一定程度上提高 Flash 动画的声音和画面表现力。对于动画中需要经常调用的图形或动画片段，可以将其转换为元件这种形式，从而避免对相同内容的重复制作，提高动画制作的效率。通过为元件添加 ActionScript 语句，还可以使元件具有相应的交互功能，从而实现某些特定的效果。

- 📖 素材应用：对图片、声音和视频素材进行导入、编辑和应用。
- 📖 元件应用：创建图形、按钮和影片剪辑元件，并将其应用到动画中。
- 📖 库的基本应用：更改元件属性、删除元件以及利用文件夹管理元件。

4.1 素 材 应 用

素材是 Flash 动画的重要组成部分之一，在大部分 Flash 动画中都会应用相关的素材文件，通过这些素材文件的应用，可以弥补 Flash 在画面和声音表现方面的不足，并在一定程度上提高和加强动画作品的表现力。

4.1.1 知识讲解

在 Flash CS3 中，素材的应用主要包括导入素材、编辑素材和应用素材 3 个基本环节，下面就对素材应用的各环节进行讲解。

1. Flash CS3 的素材类型

在 Flash CS3 中，根据素材文件自身的特点及其用途，可将素材分为图片素材、声音素材和视频素材 3 大类。

- **图片素材**：Flash CS3 中的图片素材如图 4.1 所示，主要指利用 Flash CS3 矢量绘制工具无法绘制和创建的位图图片以及用户不能自己绘制的各种矢量图。利用图片素材可以弥补动画在颜色过渡、画面精美程度以及笔触感觉等方面的不足。Flash CS3 支持的图片格式主要有.eps，.ai，.pdf，.bmp，.emf，.gif，.jpg，.png 和.wmf 等。
- **声音素材**：Flash CS3 中的声音素材如图 4.2 所示，是指所有被导入并应用到 Flash 动画中并为动画提供音效和背景音乐的音频文件。Flash CS3 支持的音频格式主要有.wav，.mp3，.aif，.au，.asf 和.wmv 等。
- **视频素材**：Flash CS3 中的视频素材如图 4.3 所示，是指被导入并应用到动画中的各类视频文件。利用视频素材可以为 Flash 动画提供其无法制作的视频播放效果，以增加其表现内容和动画的丰富程度。Flash CS3 支持的视频格式主要有.mov，.avi，.mpg，.mpeg，.dv，.dvi 和.flv 等。

图 4.1 图片素材

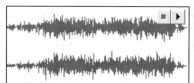
图 4.2 声音素材

图 4.3 视频素材

2. 导入素材

在了解了素材的基本类型后，下面就对各类素材的导入方法分别进行讲解。

1）导入图片素材

在 Flash CS3 中，导入图片素材的具体操作步骤如下：

（1）选择【文件】→【导入】→【导入到舞台】命令，打开【导入】对话框。

（2）在【导入】对话框中选择图片素材所在的路径，然后选中要导入的图片，如图4.4所示。

（3）单击 打开(0) 按钮，即可将选中的图片素材导入到 Flash CS3 的场景中，如图4.5所示。

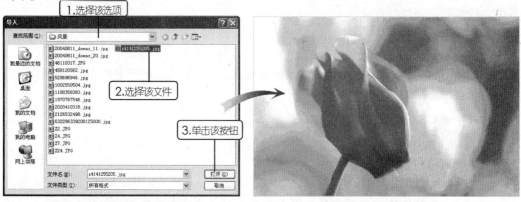

图4.4 选择要导入的图片素材   图4.5 导入的图片素材

> **注意：** 选择【文件】→【导入】→【导入到舞台】命令，导入的素材会直接放置到当前的场景中，并同时导入到库中，以便用户再次调用；而如果选择【文件】→【导入】→【导入到库】命令，则可打开【导入到库】对话框，通过该对话框只将图片导入到库中。

2）导入声音素材

在 Flash CS3 中，导入声音素材的具体操作步骤如下：

（1）选择【文件】→【导入】→【导入到舞台】命令，打开【导入】对话框。

（2）在【导入】对话框中选择声音素材所在的路径，选中要导入的声音文件，然后单击 打开(0) 按钮，打开【正在处理】对话框，并显示声音导入进度条，如图4.6所示（此时若单击 取消 按钮，可取消导入选中的声音素材）。

图4.6 【正在处理】对话框

（3）导入完成后，【正在处理】对话框消失，声音文件导入到 Flash CS3 中。

3）导入视频素材

在 Flash CS3 中，导入视频素材的具体操作步骤如下：

（1）选择【文件】→【导入】→【导入视频】命令，打开【导入视频】对话框的【选择视频】页面，然后选中 在您的计算机上：单选按钮。

（2）单击 浏览... 按钮，打开【打开】对话框，在该对话框中选择视频素材所在的路径，并选中要导入的视频文件。

（3）单击 打开(O) 按钮，返回【选择视频】页面，此时该页面中列出了要导入视频文件的路径和名称，如图4.7所示。单击 下一个> 按钮，进入【部署】页面。

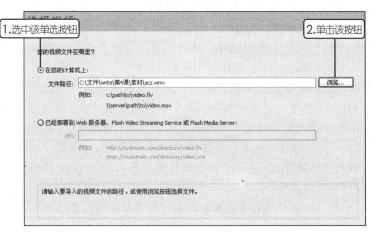

图4.7 【选择视频】页面中列出的视频文件路径和名称

注意：选中 ⊙已经部署到Web服务器、Flash Video Streaming Service 或 Flash Media Server: 单选按钮，并在【URL】文本框中输入相应的链接地址，则可在动画中插入网络中的视频文件。

（4）在【部署】页面中选中 ⊙在SWF中嵌入视频并在时间轴上播放 单选按钮，如图4.8所示（为保证动画中的视频在未连接网络的情况下仍能正常播放，应选择这种部署方式）。

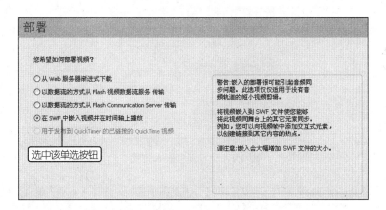

图4.8 选择视频部署方式

【部署】页面中各视频部署方式的具体功能及含义如下。

● ⊙从Web服务器渐进式下载 单选按钮：使用这种视频部署方式，用户可以首先把视频文件上传到相应的Web服务器上，然后通过渐进式的视频传递方式在Flash中使用HTTP视频流播放该视频。这种方式需要Flash Player 7或更高播放器版本的支持。

● ⊙以数据流的方式从Flash视频数据流服务 传输 单选按钮：使用这种视频部署方式，用户需要拥有支持Flash Communication Server的服务商所提供的账户，并将视频上传到该账户

中，然后才能使用这种方式配置视频组件并播放该视频。这种方式需要 Flash Player 7 或更高播放器版本的支持。

● ⊙以数据流的方式从 Flash Communication Server 传输 单选按钮：使用这种视频部署方式，用户可以将视频上传到托管的 Flash Communication Server 中，该方式会转换用户导入的视频文件，并配置相应的视频组件以播放视频。这种方式需要 Flash Player 7 或更高播放器版本的支持。

● ⊙在 SWF 中嵌入视频并在时间轴上播放 单选按钮：使用这种视频部署方式，可直接将视频文件嵌入到 Flash 动画中，并使视频与动画中的其他元素同步。使用这种方式嵌入视频后会大幅增加动画文件的大小，所以通常只应用于短小视频文件。

● 用于发布到 QuickTimer 的已链接的 QuickTime 视频 单选按钮：只有电脑中安装了 QuickTime，才能应用这种视频部署方式，这种方式可以将发布到 QuickTimer 的 QuickTime 视频文件链接到 Flash 动画中。

（5）单击 下一个> 按钮，进入【嵌入】页面，在【符号类型】下拉列表框中选择【嵌入的视频】选项。

> **注意：** 在【符号类型】下拉列表框中主要有【嵌入的视频】、【影片剪辑】和【图形】3 个选项。选择【嵌入的视频】选项，Flash CS3 会将视频文件默认为视频处理；选择【影片剪辑】和【图形】选项，Flash CS3 则会将视频文件作为元件处理。

（6）在【音频轨道】下拉列表框中选择【集成】选项，然后选中 先编辑视频 单选按钮，如图 4.9 所示。

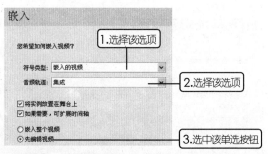

图 4.9　设置视频嵌入方式

> **注意：** 【音频轨道】下拉列表框中有【集成】和【分离】两个选项。选择【集成】选项，Flash CS3 会将导入的视频和视频中的声音作为一个对象处理，如图 4.10 所示。选择【分离】选项，Flash CS3 会将导入的视频和视频中的声音作为不同的对象分别进行处理，如图 4.11 所示；如果动画中只需要视频中的图像部分，就可采用分离方式嵌入视频。另外，选中☑将实例放置在舞台上复选框，可将视频导入并放置到场景中，作用类似于【导入到舞台】命令；选中☑如果需要，可扩展时间轴复选框，Flash CS3 会根据视频的长度自动对时间轴的长度进行延伸。

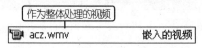

图 4.10　以集成方式导入的视频　　　　　　　图 4.11　以分离方式导入的视频

（7）单击 下一个> 按钮，进入【拆分视频】页面。在该页面中单击 ✚ 按钮，新建一个视频剪辑，然后使用鼠标拖动▽滑块对视频进行预览，并拖动◢和◣滑块对要保留的视频区域进行调整，如同视频编辑工具一样方便。

（8）调整完成后，单击 预览剪辑 按钮对编辑好的视频效果进行预览。同时，还可通过单击页面中的◇ ◄◄◄ ▷ □ ▮▶ ◇按钮对视频播放进度进行控制，确认视频编辑无误后，单击 更新剪辑 按钮确认视频编辑完成，如图 4.12 所示。如果要编辑多个视频，重复这几步操作即可。

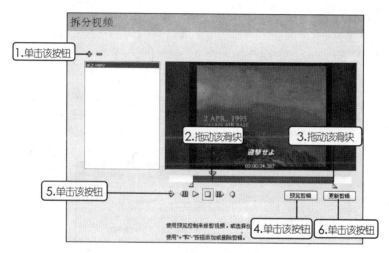

图 4.12　编辑视频

注意： 如果不需要对视频文件进行编辑，而是直接导入整个视频文件，只需在【嵌入】页面中选中 ⊙嵌入整个视频 单选按钮即可，此时将跳过【拆分视频】页面这一步的相应操作，直接进入【编码】页面。

（9）单击 下一个 > 按钮，进入【编码】页面，在下拉列表框中选择一个视频编码配置文件，如图 4.13 所示。

图 4.13　选择视频编码配置文件

注意： 单击 显示高级设置 按钮，打开【编码】和【裁切和修剪】选项卡，在【编码】选项卡中对视频编码和音频编码进行更详细、更高级的设置，在【裁切和修剪】选项卡中对视频进行裁切和修剪等编辑操作（如图 4.14 所示），以达到更好的视频效果。

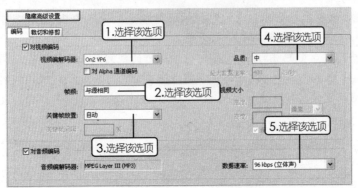

图 4.14　对视频编码进行高级设置

（10）单击 下一个 > 按钮，进入【完成视频导入】页面，在该页面中单击 完成 按钮，打开【Flash 视频编码进度】对话框，该对话框中列出了视频文件路径、编解码器、音频数据速率以及预计的处理时间等信息，并显示当前的视频导入进度，如图 4.15 所示。

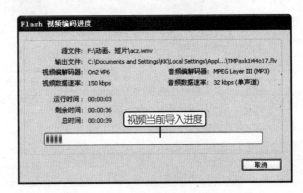

图 4.15　【Flash 视频编码进度】对话框

（11）导入完成后，【Flash 视频编码进度】对话框消失，视频素材导入到 Flash 中。

3. 在动画中应用素材

将素材导入到 Flash CS3 中之后，就可以将素材应用到动画中的相应位置，使其发挥应有的作用了。

1）应用图片素材

在 Flash CS3 中，根据导入方式的不同，可将应用图片素材的方法分为以下两种。

● **通过导入直接应用：** 如果图片素材是通过选择【文件】→【导入】→【导入到舞台】命令导入的，则该素材在导入到 Flash CS3 后会直接应用到动画场景中，用户只需对其进行相应的编辑即可。

● **通过【库】面板应用：** 如果图片素材是通过选择【文件】→【导入】→【导入到库】命令导入的，要应用该素材，就需要按【Ctrl+L】组合键（或选择【窗口】→【库】命令），打开【库】面板，在该面板选中素材，如图 4.16 所示，然后按住鼠标左键将其拖动到场景中进行应用。

2）应用声音素材

在 Flash CS3 中，声音素材的应用方法主要有以下两种。

- **通过【库】面板应用**：将声音素材导入后，在【时间轴】面板中选中需要添加声音的关键帧，然后在【库】面板选中声音素材，按住鼠标左键将其拖动到场景中，即可将声音素材应用到该关键帧中。
- **通过【属性】面板应用**：将声音素材导入后，在【时间轴】面板中选中需要添加声音的关键帧，在【属性】面板中单击声音: 无 ▼ 下拉列表框中的 ▼ 按钮，在弹出的下拉列表中选中要添加的声音素材，如图 4.17 所示，即可将声音素材应用到选中的关键帧中。

图 4.16 选中图片素材

图 4.17 通过【属性】面板应用声音素材

3）应用视频素材

在 Flash CS3 中，视频素材的应用方法主要有以下两种。

- **通过导入直接应用**：如果在导入视频素材的过程中选中了 ☑将实例放置在舞台上 复选框，则视频导入后将直接应用到所选关键帧对应的场景中。
- **通过【库】面板应用**：除了通过导入直接应用外，也可通过在【库】面板选中视频素材，然后按住鼠标左键将其拖动到场景中的方式应用视频素材。

4．编辑素材

导入素材并将其应用到动画中之后，还可根据需要对素材进行适当的编辑，使素材在动画中具有更好的表现效果。

1）编辑图片素材

在 Flash CS3 中，对图片素材的编辑主要包括调整图片大小等属性、删除图片中多余的区域以及修改图片内容 3 个方面。

- **调整图片大小等属性**：在 Flash CS3 中，对图片大小进行调整主要通过任意变形工具来实现。使用该工具，可根据动画的实际需要调整图片的大小、位置、倾斜以及旋转角度等属性，如图 4.18 所示（具体的调整方法与利用任意变形工具调整矢量图的方法类似）。

- **删除多余区域：**若动画中只需要图片素材中的某一部分，就需要对图片中的多余区域进行删除，具体方法是按【Ctrl+B】组合键将图片打散，然后利用橡皮擦工具将多余区域擦除或利用套索工具选中多余区域并将选中的区域删除，效果如图4.19所示。

- **修改图片内容：**若动画中需要对图片素材的部分内容进行修改，可按【Ctrl+B】组合键将图片打散，然后利用绘图工具和编辑工具在图片中绘制相应的图形并对图片内容进行适当的编辑，如图4.20所示。

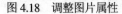

图 4.18　调整图片属性　　　　图 4.19　删除多余区域　　　　图 4.20　修改图片内容

2）编辑声音素材

在 Flash CS3 中，对声音素材的编辑主要包括编辑音量大小、声音起始位置、声音长度以及声道切换效果等，其具体操作步骤如下：

（1）应用声音素材后，选中声音素材所在的关键帧，然后在【属性】面板中单击 编辑… 按钮，打开【编辑封套】对话框。

（2）【编辑封套】对话框中显示了声音的波形，其中位于上方和下方的波形分别代表声音的左右声道，两个声道波形之间的标尺表示声音的长度，如图4.21所示。

> **注意：**如果对话框中的匣按钮为按下状态，则表示声音长度的单位是帧；如果⊙按钮为按下状态，则表示声音长度的单位是秒。另外，单击⊕和⊝按钮可以放大和缩小显示的刻度，以便用户对声音进行查看和编辑。

（3）拖动标尺中的滑块可以设定声音的起始位置，拖动音量控制线的位置可以调整左右声道中声音的音量大小（音量控制线的位置越低，该声道的音量越小），通过在音量控制线上单击鼠标左键可增加控制柄，通过调节控制柄的位置可对音量的起伏进行更细致的调节，如图4.22所示。

（4）若只需对音量大小进行淡入或淡出等编辑，可在对话框中单击 效果：无 ▼ 下拉列表框中的▼按钮，在弹出的下拉列表中选择一种音量控制效果。

> **注意：**如果选择了特定的音量控制效果，则会将用户自定义的音量控制设置覆盖。

（5）对声音进行适当编辑后，单击对话框中的▶按钮，预览编辑效果。若编辑无误，单击 确定 按钮，确认对声音的编辑，并关闭【编辑封套】对话框。

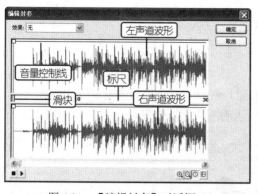
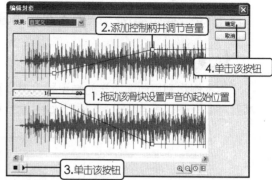

图 4.21　【编辑封套】对话框　　　　　图 4.22　调整声音起始位置和音量

在 Flash CS3 中，除了对声音素材进行编辑外，还可通过【属性】面板对声音的播放属性进行设置，其方法是单击【属性】面板的 同步: 事件▾ 下拉列表框中的 ▾ 按钮，然后在弹出的下拉列表中选择一种声音播放方式。同步: 事件▾ 下拉列表框中各选项的功能及含义如下。

- **事件**: 将声音作为事件处理。当动画播放到声音所在的关键帧时，将声音作为事件音频独立于时间轴播放，即使动画停止了，声音也将继续播放直至播放完毕。
- **开始**: 当播放到声音所在的关键帧时，开始播放该声音。
- **停止**: 停止播放指定的声音。
- **数据流**: Flash 自动调整动画和音频，使其同步播放，在输出动画时，数据流式音频混合在动画中一起输出。

3）编辑视频素材

在 Flash CS3 中，对视频素材的编辑主要包括调整视频大小等属性和编辑视频播放长度。

- **调整视频大小等属性**: 在 Flash CS3 中，利用任意变形工具对视频的大小、倾斜以及旋转等属性进行调整，如图 4.23 所示（具体的调整方法与利用任意变形工具调整图片素材的方法类似）。
- **编辑视频播放长度**: 如果在动画中的某一位置只需要播放视频的前半部分，则可在【时间轴】面板中选中超过所需视频长度的所有帧，然后将这部分帧删除，如图 4.24 所示。

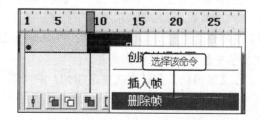

图 4.23　调整视频属性　　　　　　　图 4.24　编辑视频长度

注意: 使用这种方法，无论删除视频所对应帧中的哪一部分，其结果都是去掉视频中多于帧长度的部分，即只能对视频播放的总长度进行编辑，而不能对视频中的相应内容进行裁剪。

4.1.2 典型案例——导入并应用素材

案例目标

本案例将利用前面所学的知识导入声音和图片素材，并将导入的素材应用到动画中，然后对素材进行适当编辑，制作出如图 4.25 所示的图片配乐效果。

图 4.25 应用素材制作的动画效果

素材位置：【\第 4 课\素材\应用素材】
源文件位置：【\第 4 课\源文件\导入并应用素材.fla】
操作思路：
（1）分别导入图片和声音素材。
（2）利用任意变形工具调整图片素材的大小。
（3）将声音素材应用到动画中，并对其进行适当编辑，然后设置其播放属性。

操作步骤

本案例练习将素材导入到 Flash 文档中并进行应用，具体操作步骤如下：
（1）新建一个 Flash 空白文档，将其保存为"导入并应用素材.fla"。
（2）在【属性】面板中将场景尺寸设置为 400×300 像素，将背景色设置为白色。
（3）选择【文件】→【导入】→【导入到舞台】命令，将"milaoshu.bmp"导入到场景中。
（4）选择【文件】→【导入】→【导入到库】命令，将"钢琴曲.mp3"导入到库中。
（5）使用任意变形工具在场景中对"milaoshu.bmp"的大小进行调整，如图 4.26 所示，以便场景中能够完全显示出图片。
（6）在【时间轴】面板中选中第 1 帧，在【属性】面板中单击 声音:无 下拉列表框中的 按钮，在弹出的下拉列表中选中导入的"钢琴曲.mp3"，将声音素材应用到动画中。
（7）因本案例不需要对声音音量和起始位置进行调整，所以可直接单击 效果:无 下拉列表框中的 按钮，在弹出的下拉列表中选择【从左到右淡出】选项，为声音添加播放控制效果。

（8）单击 同步：事件 下拉列表框中的 按钮，然后在弹出的下拉列表中选择【开始】选项，并将其设置为【循环】播放模式，如图 4.27 所示，

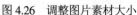

图 4.26 调整图片素材大小

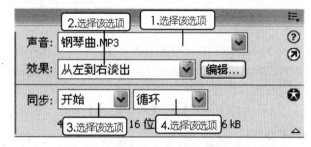

图 4.27 应用声音素材并设置声音播放属性

（9）按【Ctrl+Enter】组合键测试动画，即可看到利用素材制作的动画效果，如图 4.25 所示。

案例小结

本案例利用图片和声音素材制作了图片配乐效果，对导入素材的两种基本方法以及图片和声音素材的应用和编辑方法进行了演练，读者应了解并掌握在 Flash CS3 中应用图片和声音素材的基本方法。另外，对于本案例中没有练习到的视频素材，读者也可对其进行导入、应用和编辑练习，并尝试通过分离音频的方式导入一段视频，利用这段视频替换本案例中的图片，从而制作出相应的视频配乐效果。

4.2 元 件 与 库

元件是 Flash CS3 中的重要概念之一。在一个 Flash 动画中，通常需要多次用到某个图形或动画片段并利用 ActionScript 脚本对其进行调用。在这种情况下，可将这个图形或动画片段制作为元件，通过调用制作的元件，就可以在动画中需要的位置多次使用这个图形或动画片段，而不需要再次进行制作，也不会因为多次使用而增加动画文件的大小。因为元件的存在，可以使制作者有效地利用已有的资源，避免重复制作和调试，从而大大提高动画制作的效率。

4.2.1 知识讲解

在了解了元件的基本概念和作用之后，下面就对 Flash CS3 中的元件类型和创建元件的方法进行讲解。

1. Flash CS3 的元件类型

在 Flash CS3 中，元件主要有图形元件、影片剪辑元件和按钮元件 3 种类型。

- **图形元件** ：图形元件主要用于创建动画中可反复使用的图形，图形元件中的内容可以是静止的图片，也可以是由多个帧组成的动画。

- **影片剪辑元件** ：影片剪辑元件通常用于创建动画片段，将影片剪辑调用到主动画中时，其中的动画片段可独立于主动画进行播放。在 Flash CS3 中，可对影片剪

辑元件添加 ActionScript 脚本，使其呈现出更丰富的效果。

● **按钮元件**：按钮元件主要用于创建动画中的各类按钮，用于响应鼠标的滑过和单击等操作。通过为按钮元件添加 ActionScript 脚本，可以使其具备特定的交互效果。

2. 创建元件

在 Flash CS3 中，创建图形元件、影片剪辑元件和按钮元件的方法基本相同，只是在各元件的具体制作中存在部分差异，下面就以创建图形元件为例对创建元件的方法进行介绍。具体操作步骤如下：

（1）选择【插入】→【新建元件】命令（或按【Ctrl+F8】组合键），打开【创建新元件】对话框，如图 4.28 所示。

（2）在该对话框的【名称】文本框中输入要创建的新元件的名称，在【类型】栏中选中 **图形** 单选按钮，如图 4.29 所示。

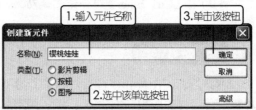

图 4.28　【创建新元件】对话框　　　　图 4.29　创建图形元件

注意：在【类型】栏中，通过选中不同的单选按钮，即可创建不同类型的元件。

（3）单击 **确定** 按钮，Flash CS3 将自动进入到该元件的编辑场景中，使用绘图工具在元件编辑场景中绘制要作为图形元件的图形，如图 4.30 所示。

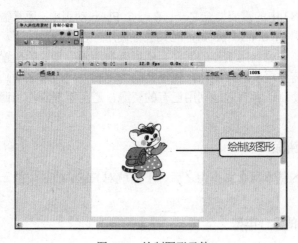

图 4.30　绘制图形元件

（4）在编辑场景中完成图形的绘制后，单击场景左上角的 **⇦** 按钮（或 **场景 1** 按钮）返回主场景，完成图形元件的创建。

注意：图形元件和影片剪辑元件的制作方法大致相似，而按钮元件的制作则相对特殊：按钮元件编辑场景

的时间轴中包括 弹起 指针经过 按下 点击 4个帧，分别对应鼠标未接触按钮、鼠标接触按钮、鼠标按下按钮和按钮响应鼠标动作4个按钮状态，要制作一个完整的按钮元件，就需要对4个帧中的内容分别进行制作（具体方法可参见4.2.2节）。

3. 元件的混合模式

在Flash CS3中，可以通过为元件应用混合模式来改变两个或两个以上重叠对象的透明度和相互之间的颜色关系，从而获得独特的画面效果。在Flash CS3中，为元件应用混合模式的具体操作步骤如下：

（1）在场景中将要设置混合模式的影片剪辑（或按钮）元件放置到要叠加的图形上方（或下方），如图4.31所示。

（2）选中影片剪辑元件，然后在【属性】面板中单击 混合:一般 ▼ 下拉列表框中的 ▼ 按钮，在弹出的下拉列表中选择一种混合模式（如强光混合模式），如图4.32所示。

（3）选择混合模式后，即可将该混合模式应用到场景中选中的影片剪辑上，效果如图4.33所示。

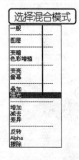

图4.31 放置影片剪辑元件　　图4.32 选择混合模式　　图4.33 应用混合模式后的效果

注意： 混合模式只能应用于影片剪辑和按钮元件。若要取消应用的混合模式，只需单击 混合:一般 ▼ 下拉列表框中的 ▼ 按钮，然后在弹出的下拉列表中选择【一般】选项即可。

Flash CS3中一共提供了14种混合模式，各混合模式的具体功能和含义如下（各混合模式之间的对比效果如图4.34所示）。

- **一般：** 正常模式，即没有应用混合模式的效果。
- **图层：** 用于层叠各元件，而不影响其颜色。
- **变暗：** 用于替换元件中比混合颜色亮的区域，比混合颜色暗的区域不变。
- **色彩增殖：** 用于将叠加对象的颜色混合，从而产生较暗的颜色。
- **变亮：** 用于替换比混合颜色暗的像素，比混合颜色亮的像素颜色不变。
- **荧幕：** 用于将混合颜色的反色与基准颜色混色，从而产生漂白颜色效果。
- **叠加：** 用于对色彩进行增值或滤色，具体情况取决于对象的基准颜色。
- **强光：** 用于对色彩进行增值或滤色，类似于用点光源照射对象的效果，具体情况取决于对象的混合颜色。
- **增加：** 用于将叠加对象中相同的颜色相加，从而产生同一颜色加深的效果。
- **减去：** 用于将叠加对象中相同的颜色相减，从而产生除去该颜色后的效果。
- **差异：** 用于从对象的基准颜色中减去混合颜色或从混合颜色中减去基准颜色，该

效果类似于彩色底片，具体情况取决于对象中亮度值较大的颜色。

- **反转：** 用于获得对象基准颜色的反色。
- **Alpha：** 用于为对象应用 Alpha 透明效果。
- **擦除：** 用于删除对象中所有的基准颜色像素，包括背景图像中的基准颜色像素。

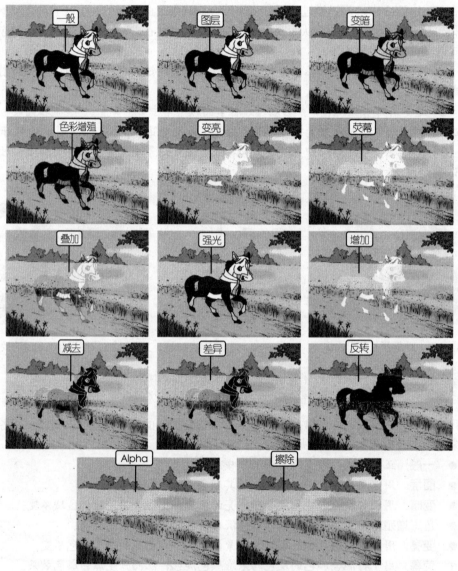

图 4.34　各混合模式的对比效果

4．库的基本概念

Flash CS3 中的库主要用于存放和管理创建的元件以及导入到 Flash 中的各类素材，当需要使用某个元件或素材时，可直接从库中对其进行调用。除此之外，在库中还可以对元件的属性进行更改，并利用文件夹对元件和素材进行更好的管理。

选择【窗口】→【库】命令（或按【Ctrl+L】组合键），打开【库】面板，如图 4.35 所示。【库】面板中各按钮的功能及含义如下。

- 📌按钮：用于固定当前选定的库。
- 🔲按钮：用于新建一个【库】面板。
- ⩙、⩦按钮：用于改变库中元件和素材的排列顺序。
- □按钮：用于将【库】面板展开，以便显示元件和素材的名称、类型、使用次数和最后一次改动的时间等详细信息，如图 4.36 所示。

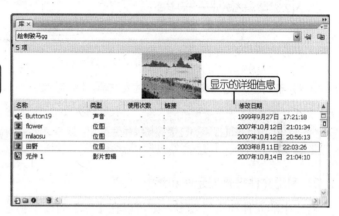

图 4.35　【库】面板　　　　　　　图 4.36　展开的【库】面板

- ▯按钮：用于将展开的【库】面板恢复到原大小。
- ⊡按钮：用于打开【创建新元件】对话框，创建新元件。
- 📁按钮：用于在【库】面板中新建文件夹，对元件和素材进行分类和管理。
- ❶按钮：用于查看选中元件或素材的属性。
- 🗑按钮：用于删除选中的元件、素材或文件夹。

> **注意：**【库】面板中将显示动画中的所有元件和素材，新建动画文档的【库】面板中没有任何内容。

5. 库的基本操作

在认识【库】面板并了解其中各组成部分的功能及含义后，下面对 Flash CS3 中库的基本操作进行讲解。

1）调用元件和素材

在【库】面板中调用元件和素材的具体操作步骤如下：

（1）在【库】面板中选中要调用的元件或素材。

（2）按住鼠标左键将选中的元件或素材向场景中拖动。

（3）将元件或素材拖动到场景中的适当位置后，释放鼠标左键。

2）更改元件属性

在【库】面板中更改元件属性的具体操作步骤如下：

（1）在【库】面板中选中要修改属性的元件。

（2）单击 🅕 按钮，打开【元件属性】对话框，然后在【名称】文本框中输入新名称，并在【类型】栏中选中相应的单选按钮（如图4.37所示），对元件的名称和类型等属性进行重新设置。

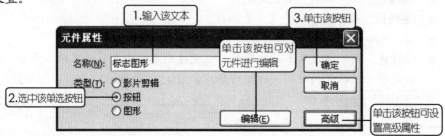

图4.37 修改元件属性

（3）单击 确定 按钮，确认对元件属性的修改。

注意： 在【元件属性】对话框中单击 高级 按钮，将在【元件属性】对话框中打开【链接】和【源】栏，在其中可对元件进行添加链接等高级属性设置，以便 ActionScript 脚本调用该元件。另外，若单击 编辑(E) 按钮，可进入元件的编辑场景对其进行编辑。

3）利用文件夹管理元件和素材

若库中的元件和素材较多，则可以在【库】面板中新建文件夹，并将相同类型的元件和素材放置到同一个文件夹中，以便更好地管理这些元件和素材。在【库】面板中新建文件夹并利用文件夹管理元件和素材的具体操作步骤如下：

（1）单击【库】面板中的 🗀 按钮，新建一个文件夹，并对其进行重新命名。

（2）选中要放置到文件夹中的元件或素材，按住鼠标左键将该元件拖动到该文件夹中，如图4.38所示。

（3）用同样的方法将其他需要放置的元件和素材拖动到该文件夹中。在文件夹中放置元件和素材后，双击文件夹，即可看到文件夹中所放置的元件和素材，如图4.39所示。

（4）通过新建不同名称的文件夹，并将不同类型和用途的元件和素材放置到相应的文件夹中，即可对元件和素材进行分类管理。

注意： 若要将元件或素材移出文件夹，只需选中该元件或素材，然后按住鼠标左键将其拖动到文件夹外即可。另外，在对打开的文件夹中的元件或素材进行相应操作后，可双击 🗁 按钮将该文件夹关闭，以便在【库】面板中显示更多的相关内容。

4）删除元件、素材和文件夹

对于动画文档中不需要的元件、素材和文件夹，可在【库】面板中将其删除，以便更有效地利用动画中的资源。具体操作步骤如下：

（1）在【库】面板中选中要删除的元件、素材或文件夹。

（2）单击【库】面板中的 🗑 按钮，删除选中的元件、素材或文件夹。

技巧： 将元件、素材或文件夹直接拖动到 🗑 按钮上，也可将其删除。

图 4.38　将素材拖动到文件夹中　　　　图 4.39　放置到文件夹中的素材

6. 公用库

在 Flash CS3 中，用户需要先通过新建或导入的方式为库添加相应的元件和素材，然后才能在【库】面板中对其进行调用。但是对于一些常用的按钮、学习交互和类等项目，用户可通过 Flash CS3 中的公用库来获取，而不必自行创建。Flash CS3 中的公用库主要有学习交互、按钮和类 3 种，通过选择【窗口】→【公用库】菜单中的相应命令，即可打开相应的公用库，如图 4.40、图 4.41 和图 4.42 所示。

图 4.40　学习交互库　　　　图 4.41　按钮库　　　　图 4.42　类库

调用公用库中各项目的方法与调用【库】面板中元件和素材的方法完全相同，只需将其拖动到场景中，然后对其进行适当的调整即可。公用库中的内容都直接嵌入在 Flash CS3 中，即使是新建的空白动画文档也包含了这些公用库项目，因此，在动画制作过程中，如无特殊要求，应尽量使用公用库中的相关项目，以避免重复制作，从而提高动画制作效率。

注意： 在公用库中，不能执行新建元件、新建文件夹以及删除等操作。

4.2.2　典型案例——制作"播放"按钮元件

案例目标

　　本案例将应用前面所学的知识新建并制作"播放"按钮元件（如图4.43所示），通过本案例练习并掌握新建及制作按钮元件的基本方法。

　　源文件位置：【\第4课\源文件\制作"播放"按钮元件.fla】

　　操作思路：

　　（1）新建"button"按钮元件，使用绘图工具制作"弹起"帧的按钮状态。

　　（2）在"指针经过"和"按下"帧插入普通帧，然后对这两帧中的图形进行适当修改。

图4.43　"播放"按钮元件

　　（3）在"点击"帧绘制一个红色圆形，用于确定按钮响应鼠标动作的区域。

　　（4）完成按钮元件的编辑并将其应用到场景中。

操作步骤

　　制作"播放"按钮的具体操作步骤如下：

　　（1）新建Flash文档，在【属性】面板中将场景尺寸设置为550×400像素，将背景色设置为白色，然后选择【文件】→【保存】命令，将其保存为"制作'播放'按钮元件.fla"。

　　（2）选择【插入】→【新建元件】命令，打开【创建新元件】对话框，在【名称】文本框中输入"button"，并在【类型】栏中选中 ⦿ 按钮 单选按钮，单击 确定 按钮，进入按钮元件的编辑场景。

　　（3）在【时间轴】面板中选中"弹起"帧，使用绘图工具在编辑场景中绘制如图4.44所示的图形。新建一个图层，然后使用椭圆工具绘制一个半透明的圆，如图4.45所示。

图4.44　绘制图形　　　　　　　图4.45　绘制半透明的圆

　　（4）在完成"弹起"帧中按钮状态的编辑后，在"指针经过"帧中按【F6】键插入关键帧，将"弹起"帧中的按钮状态延续到该帧中。

　　（5）将"指针经过"帧中的图形进行适当的旋转，然后在"图层2"中绘制一个音符图形，制作出鼠标指针经过时的状态，如图4.46所示。

　　（6）用类似的方法在"按下"帧中按【F6】键插入关键帧，对图形进行适当的修改，然后用文字工具输入粉红色的"播放"文字，制作出按下按钮时的状态，如图4.47所示。

（7）选中"点击"帧，按【F7】键插入空白关键帧，然后在与前3帧中按钮元件相同的位置绘制一个与按钮下方图形大小相同的红色圆形，确定出按钮响应鼠标动作的区域，如图4.48所示。

图4.46　制作"指针经过"帧　　　图4.47　制作"按下"帧　　　图4.48　制作"点击"帧

（8）在编辑按钮元件后，单击场景左上角的　场景1按钮，完成按钮元件的制作并返回主场景。

（9）在【库】面板中选中"button"按钮元件，按住鼠标左键将其拖动到场景中。

（10）按【Ctrl+Enter】组合键测试动画，即可看到本案例制作的"播放"按钮元件效果。

案例小结

本案例通过制作"播放"按钮元件练习了新建元件和制作按钮元件的方法。在练习本案例后，还可尝试新建图形元件和影片剪辑元件，并利用【库】面板对这些元件进行调用和管理，以尽快掌握 Flash CS3 中元件和库的基本操作，为后面的学习做好准备。另外，在制作并应用按钮元件之后，要使按钮元件具备相应的交互效果（如停止、播放或跳转到指定位置播放等），还需要在动作面板中为按钮添加相应的 ActionScript 脚本。关于为按钮元件添加脚本的方法，将在第7课中详细讲解。

4.3　上机练习

在学习完本课知识点并通过实例演练相关的操作方法后，相信读者已经熟练掌握了素材的编辑和应用、元件的创建以及利用【库】面板调用和管理元件的基本操作，下面通过两个上机练习再次巩固本课所学内容。

4.3.1　制作带音效的按钮元件

本练习将利用导入的声音素材为"播放"按钮元件添加音效，从而制作出带音效的按钮元件（如图4.49所示），主要练习声音素材的导入和应用以及为按钮元件添加音效的基本方法。

素材位置：【\第4课\素材\带音效的按钮元件\】

源文件位置：【\第4课\源文件\制作带音效的按钮元件.fla】

操作思路：

图4.49　带音效的按钮元件

- 打开"制作'播放'按钮元件.fla"。
- 在【库】面板中用鼠标左键双击"播放"按钮元件，进入元件编辑场景。
- 将"Button25.wav"和"Button19.wav"声音素材导入到库中，然后分别应用到按钮元件的"指针经过"帧和"按下"帧中。

4.3.2 利用视频素材制作"DVD"影片剪辑

本练习将利用导入的图片和视频素材制作一个名为"DVD"的影片剪辑元件，主要练习视频素材的导入和应用以及影片剪辑元件的新建和制作。制作的"DVD"影片剪辑如图4.50所示。

素材位置：【\第4课\素材\影片剪辑\】

源文件位置：【\第4课\源文件\利用视频素材制作"DVD"影片剪辑.fla】

操作思路：

- 将文档的场景尺寸设置为550×400像素，将背景颜色设置为白色。
- 将"显示器.jpg"导入到库中，然后利用先编辑视频的方式将"acz.wmv"视频素材导入到库中。

图4.50 "DVD"影片剪辑

- 新建"DVD"影片剪辑元件，然后在【库】面板中将"显示器.jpg"和"acz.wmv"拖动到编辑场景中，并对其大小进行适当调整。
- 编辑完成后返回主场景，并将制作的"DVD"影片剪辑元件拖动到场景中。

4.4 疑难解答

问：为什么导入MP3声音素材时，Flash CS3提示该素材无法导入？

答：这是因为导入的MP3声音素材文件有问题或Flash CS3不支持该声音素材的压缩码率造成的，解决方法是使用专门的音频转换软件将MP3声音素材文件的格式转换为WAV声音格式或将MP3声音素材文件的压缩码率重新转换为44kHz，128kb/s，转换后即可将声音素材正常导入到Flash CS3中。

问：将声音素材应用到动画中后，为什么声音的播放和动画不同步？应该怎样处理？

答：这种情况通常是因为没有正确设置声音的播放方式造成的，解决方法是在【属性】面板的 同步：事件 ▼ 下拉列表框中选择【数据流】选项，然后根据声音的播放情况对动画中相应帧的位置进行适当调整。用这种方法处理后，就不会再出现声音和动画不同步的情况了。

问：如果要使影片剪辑元件也具有类似按钮元件的响应鼠标动作效果，应如何处理？

答：通常情况下，如果通过更改元件属性的方式直接将影片剪辑元件转换为按钮元件，则可能出现转换的按钮元件的帧长度超过4帧的情况，从而导致按钮状态混乱。如果只需

要使影片剪辑元件具备按钮元件的单击效果以及能够通过单击实现相应的交互效果，则可选中影片剪辑元件，然后在【属性】面板中单击 影片剪辑 ▾ 下拉列表框中的 ▾ 按钮，在弹出的下拉列表中选择【按钮】选项，为影片剪辑添加按钮属性，此时该影片剪辑就和按钮元件一样，可以对鼠标单击做出反应，并能通过相应的 ActionScript 脚本实现与按钮相同的交互效果。

4.5 课 后 练 习

1．选择题

（1）下面的的图片格式中，（ ）格式不被 Flash CS3 所支持。

    A．.ai   B．.bmp

    C．.jpg   D．.frd

（2）在导入视频素材时，若要将视频和声音分别处理，则应在【音频轨道】下拉列表框中选择（ ）选项。

    A．【集成】   B．【音频分割】

    C．【分离】   D．【分离音频】

（3）若要在【库】面板中查看选中元件的信息，应单击（ ）按钮。

    A．🛈   B．☐

    C．⊞   D．⊟

（4）Flash CS3 的公用库中主要包括（ ）3 种库类型。

    A．按钮   B．类

    C．元件   D．学习交互

2．问答题

（1）简述导入视频素材的基本方法。

（2）在 Flash CS3 中怎样对导入的声音素材进行编辑？

（3）Flash CS3 中的元件类型有几种？简述新建元件的基本操作。

（4）库有什么作用？怎样在【库】面板中利用文件夹管理元件和素材？

3．上机题

（1）利用本课所学的知识新建并制作一个如图 4.51 所示的"小松鼠"图形元件。

源文件位置：【\第 4 课\源文件\制作"小松鼠"图形元件.fla】

提示：其新建方法可参考 4.2.1 节的第 2 小节中的相关内容，在制作时需要注意以下几点。

● 动画场景尺寸为 550×400 像素，背景色为白色。

● 使用绘图工具绘制图形元件并返回主场景后，应通过【库】面板将图形元件拖动到主场景中。

（2）参照"播放"按钮元件的制作方法，利用导入的图片和声音素材制作如图 4.52 所示的"盾牌按钮"按钮元件。

图 4.51 "小松鼠"图形元件

图 4.52 "盾牌按钮"按钮元件

素材位置：【\第 4 课\素材\盾牌.swf、装饰.swf、移动声.wav】

源文件位置：【\第 4 课\源文件\制作"盾牌按钮"按钮元件.fla】

提示：其新建和制作方法与"播放"按钮元件类似，只需要注意以下几点。

- 动画场景尺寸为 400×200 像素，背景色为深灰色。
- 将"盾牌.swf"和"装饰.swf"图片素材以及"移动声.wav"声音素材导入到库中。
- 新建"盾牌按钮"按钮元件，然后使用导入的图片素材编辑按钮的 4 个帧中的按钮状态，并将"移动声.wav"声音素材应用到"指针经过"和"按下"帧中。
- 完成按钮元件编辑并返回主场景后，通过【库】面板将按钮元件拖动到主场景中。

第 5 课
基本动画制作

本课要点

- 帧和图层
- 逐帧动画
- 动画补间动画
- 形状补间动画

具体要求

- 了解 Flash CS3 中帧和图层的基本概念，并掌握帧和图层的基本操作方法
- 熟练掌握逐帧动画的创建方法
- 熟练掌握动画补间动画的创建方法
- 熟练掌握形状补间动画的创建方法

本课导读

帧和图层是制作 Flash 动画过程中所涉及到的两个重要概念，在 Flash CS3 中对动画进行的制作和编辑实际上就是对帧和图层以及帧和图层中的动画要素所做的编排和调整。在掌握了帧和图层的基本概念和操作方法后，还需要对 Flash CS3 中的基本动画类型进行了解和学习。熟练掌握 3 种基本动画的应用，就可以制作出各类精美的 Flash 动画。

- 帧和图层：编辑和调整动画元素在时间轴中的位置以及在场景中的层次关系。
- 逐帧动画：用于创建连续且具有变化的动画效果。
- 动画补间动画：用于创建两个关键帧之间图形属性变化的动画效果。
- 形状补间动画：用于创建两个关键帧之间图形形状变化的动画效果。

5.1 动画制作基础

在正式学习动画制作之前，需要了解 Flash 动画的特点、类型及帧和图层的概念，并掌握 Flash CS3 中帧和图层的基本操作方法，本节中就对这些相关的概念和操作进行详细讲解。

5.1.1 知识讲解

下面对 Flash 动画的基本特点、Flash 动画的基本类型、帧和图层的概念及类型、帧和图层的基本操作方法等内容分别进行讲解。

1. Flash 动画的基本特点

Flash 动画之所以能够越来越流行并广泛应用于不同的领域中，其自身所具备的特点是不可忽视的重要因素之一。从制作和应用等方面可将 Flash 动画的基本特点归纳为以下几点。

- **适合网络传播**：Flash 动画中大量采用矢量图，并可对导入的图片、声音以及视频等素材按实际需要进行相应的压缩，使 Flash 动画在保证画面质量的前提下最大可能地减少文件的数据量，从而使得 Flash 动画非常适合网络发布和传播。
- **应用领域广**：Flash 动画不仅可应用于网页广告、网站片头、MTV、交互游戏以及多媒体课件等领域，还可通过制作成项目文件应用于多媒体光盘或进行特定对象的展示。
- **采用流媒体形式**：Flash 动画采用流媒体形式进行播放，使用户在下载动画的同时欣赏动画，而不必等待全部动画下载完毕后才开始播放，大大缩短了用户等待的时间。
- **可跨平台播放**：制作好的 Flash 作品发布后，不论使用哪种操作系统或平台，访问者看到的内容和效果都是一样的，不会产生任何变化，并且在支持 Flash 的其他类型的工作平台（如手机）上也能获得较好的动画播放效果。
- **交互性强**：通过 Flash 中提供的 ActionScript 脚本，用户可以将这些编制好的程序嵌入到制作好的动画文件中，ActionScript 脚本强大的交互功能可以使制作人员轻松地为动画添加各种交互效果，并实现用户与动画之间的交互，同时还可获取相应的反馈信息。

2. Flash 中的基本动画类型

在 Flash 中，动画主要分为逐帧动画、动画补间动画和形状补间动画 3 种类型。

- **逐帧动画**：Flash 中的逐帧动画通常由多个连续关键帧组成，如图 5.1 所示，通过在各关键帧中分别绘制表现对象连续、流畅动作的图形（如小鸟飞翔和火苗跳动等）来产生动画效果，各帧中的图形都相对独立，修改某一帧中的图形不会影响其他帧中的图形，并且制作者可通过加大各帧中图形之间的差异来控制动画动作变化的力度。因为该种动画每个关键帧中的图形均需要独立编辑，因此工作量较大且在播放动画时需要占用较多的内存。

- **动画补间动画**: 动画补间动画是根据同一对象在两个关键帧中的大小、位置、旋转、倾斜和透明度等属性的差别由 Flash 计算并自动生成的一种动画类型，通常用于表现同一图形对象的移动、放大、缩小以及旋转等变化（如水杯图形在场景中逐渐放大）。动画补间动画最后一帧中的图形与第 1 帧中的图形密切相关，即通过对最初图形属性的编辑来产生动画效果，如图 5.2 所示。
- **形状补间动画**: 形状补间动画是通过 Flash 计算两个关键帧中矢量图的形状差别并在两个关键帧中自动添加变化过程的一种动画类型，如图 5.3 所示，通常用于表现图形对象形状之间的自然过渡（如圆形和星形之间的形状和颜色转化）。形状补间动画的第 1 帧和最后一帧中的图形可以不具备任何关联关系，其动画的变形过程也不需制作者进行控制；修改某一帧中的图形，就可以得到完全不同的动画效果。

图 5.1　逐帧动画　　　　图 5.2　动画补间动画　　　　图 5.3　形状补间动画

> **注意：** 只能为未被组合的矢量图创建形状补间动画；对于文字、元件和组合图形，只有按【Ctrl+B】组合键将其打散之后才能创建形状补间动画。

3．帧的概念和类型

　　帧是组成 Flash 动画最基本的单位，通过在不同的帧中放置相应的动画元素（如位图、文字和矢量图等），然后对这些帧进行连续播放，最终实现 Flash 动画效果。在 Flash CS3 中，根据帧的不同功能和含义，可将帧分为空白关键帧、关键帧和普通帧 3 种，这 3 种帧在时间轴中的表示方式如图 5.4 所示。

图 5.4　不同帧在时间轴中的表示方式

- **空白关键帧**: 空白关键帧在时间轴中以一个空心圆表示，表示该关键帧中没有任何内容。这种帧主要用于结束前一个关键帧的内容或分隔两个相连的补间动画。
- **关键帧**: 关键帧在时间轴中以一个黑色实心圆表示，是指在动画播放过程中表现关键性动作或关键性内容变化的帧。关键帧定义了动画的变化环节，一般图像都必须在关键帧中进行编辑。如果关键帧中的内容被删除，那么关键帧就会转换为空白关键帧。

- **普通帧**：普通帧在时间轴中以一个灰色方块表示，通常处于关键帧的后方，只作为关键帧之间的过渡，用于延长关键帧中动画的播放时间，因此不能对普通帧中的图形进行编辑。一个关键帧后的普通帧越多，该关键帧的播放时间就越长。

4. 帧的基本操作

在了解了帧的基本概念和类型后，下面就对 Flash CS3 中帧的基本操作方法进行讲解。

1）选择帧

若要对帧进行编辑和操作，首先必须选中要进行操作的帧。在 Flash CS3 中，选择帧的方法主要有以下 3 种：

- 要选中单个帧，只需使用鼠标左键单击该帧即可。
- 要选择连续的多个帧，只需按住【Shift】键，然后分别单击连续帧中的第 1 帧和最后一帧即可，如图 5.5 所示。
- 若要选择不连续的多个帧，只需按住【Ctrl】键，然后依次单击要选择的帧即可，如图 5.6 所示。

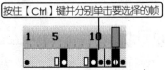

图 5.5　选择连续的多个帧　　　　　图 5.6　选择不连续的多个帧

2）移动帧

在 Flash CS3 中，移动帧的方法有以下两种：

- 选中要移动的帧，然后按住鼠标左键将其拖到要移动到的新位置。
- 选中要移动的帧，单击鼠标右键，在弹出的快捷菜单中选择【剪切帧】命令（或按【Ctrl+X】组合键），然后在目标位置再次单击鼠标右键，在弹出的快捷菜单中选择【粘贴帧】命令（或按【Ctrl+V】组合键）。

3）复制帧

在需要多个相同的帧时，使用复制帧的方法可以在保证帧内容完全相同的情况下提高工作效率。在 Flash CS3 中，复制帧的方法有以下两种：

- 用鼠标右键单击要复制的帧，在弹出的快捷菜单中选择【复制帧】命令（或按【Ctrl+C】组合键），然后用鼠标右键单击要复制到的目标帧，在弹出的快捷菜单中选择【粘贴帧】命令（或按【Ctrl+V】组合键）。
- 选中要复制的帧，然后按住【Alt】键将其拖动到要复制的位置。

技巧： 普通帧、关键帧和空白关键帧都可以采用这种方法进行复制，不过，复制后的普通帧或关键帧都为关键帧。

4）插入帧

通过在动画中插入不同类型的帧，可实现延长关键帧播放时间、添加新动画内容以及分隔两个补间动画等目的。在 Flash CS3 中，插入普通帧、关键帧和空白关键帧的方法如下。

- **插入普通帧**：在要插入普通帧的位置单击鼠标右键，在弹出的快捷菜单中选择【插入帧】命令（或按【F5】键），可在当前位置插入普通帧。在关键帧后插入普通帧或在已沿用的帧中插入普通帧，都可延长动画的播放时间。
- **插入关键帧**：在要插入关键帧的位置单击鼠标右键，在弹出的快捷菜单中选择【插入关键帧】命令（或按【F6】键），可在当前位置插入关键帧。插入关键帧之后，即可对插入的关键帧中的内容进行修改和调整，并且不会影响前一个关键帧及其沿用帧中的内容。
- **插入空白关键帧**：在要插入空白关键帧的位置单击鼠标右键，在弹出的快捷菜单中选择【插入空白关键帧】命令（或按【F7】键），可在当前位置插入空白关键帧。插入空白关键帧可将关键帧后沿用的帧中的内容清除，或对两个补间动画进行分隔。

5）翻转帧

翻转帧可以将选中帧的播放顺序进行颠倒。在 Flash CS3 中，翻转帧的方法是在【时间轴】面板中选中要颠倒的所有帧，然后单击鼠标右键，在弹出的快捷菜单中选择【翻转帧】命令。翻转帧前后的效果如图 5.7 和图 5.8 所示。

图 5.7 翻转前的帧播放顺序　　　　　图 5.8 翻转后的帧播放顺序

6）清除帧

清除帧用于将选中帧中的所有内容清除，但继续保留该帧所在的位置。在对普通帧或关键帧执行清除帧操作后，可将其转化为空白关键帧。在 Flash CS3 中，清除帧的方法是选中要清除的帧，然后单击鼠标右键，在弹出的快捷菜单中选择【清除帧】命令（或按【Delete】键）。清除帧前后的效果如图 5.9 和图 5.10 所示。

图 5.9 清除帧前的效果　　　　　图 5.10 清除帧后的效果

7）删除帧

删除帧用于将选中的帧从时间轴中完全删除，执行删除帧操作后，被删除帧后方的帧会自动前移并填补被删除帧所占的位置。在 Flash CS3 中，删除帧的方法是选中要删除的

帧，然后单击鼠标右键，在弹出的快捷菜单中选择【删除帧】命令。删除帧前后的效果如图 5.11 和图 5.12 所示。

图 5.11　删除帧前的效果　　　　图 5.12　删除帧后的效果

8）更改帧的显示方式

通过在【时间轴】面板中对帧的显示方式进行设置，可以调整帧在时间轴中的显示状态，从而使制作者能够更好地对帧进行查看和编辑。在 Flash CS3 中，更改帧显示方式的具体操作步骤如下：

（1）在【时间轴】面板右侧单击 按钮，弹出如图 5.13 所示的菜单。

（2）在菜单中选择一种显示方式，即可对【时间轴】面板中的帧显示方式进行更改。例如，将显示方式设置为"关联预览"后，时间轴中的帧的显示效果如图 5.14 所示。

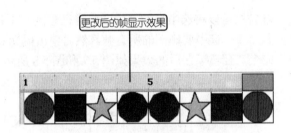

图 5.13　选择显示方式　　　　图 5.14　设置"关联预览"方式后的显示效果

9）添加帧标签

在制作动画的过程中，若需要注释帧的含义、为帧标记或使 ActionScript 脚本能够调用特定的帧，就需要为该帧添加帧标签。在 Flash CS3 中，添加帧标签的具体操作步骤如下：

（1）在【时间轴】面板中选中要添加标签的帧。

（2）在【属性】面板的【帧】文本框中输入帧的标签名称，如图 5.15 所示。

图 5.15　添加帧标签

5．图层的概念和类型

Flash CS3 中的图层就像一张透明的纸，而动画中的多个图层就相当于一叠透明的纸，通过调整这些纸的上下位置，可以改变纸中图形的上下层次关系。在 Flash CS3 中，每个图层都拥有独立的时间轴，在编辑与修改某一图层中的内容时，不会影响到其他图层。对于较为复杂的动画，用户可以对其进行合理的划分，把动画元素分布在不同的图层中，然后分别对各图层中的元素进行编辑和管理，这样既可以简化烦琐的工作，又可以有效地提高工作效率。Flash CS3 中的图层区域如图 5.16 所示，图层区域中各按钮的功能及含义如下。

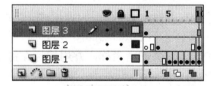

图 5.16　图层区域

- ● 🖘按钮：该按钮用于隐藏或显示所有图层，单击该按钮即可在隐藏和显示状态之间进行切换。单击该按钮下方的●图标可隐藏●图标对应的图层，图层隐藏后会在●图标的位置上出现✖图标。

- ● 🔒按钮：单击该按钮可锁定所有图层，防止用户对图层中的对象进行误操作，再次单击该按钮可解锁图层。单击该按钮下方的●图标可锁定●图标对应的图层，锁定图层后会在●图标的位置上出现🔒图标。

- ● 🔲按钮：单击该按钮可以线框模式显示所有图层中的内容。单击该按钮下方的●图标，将以线框模式显示●图标对应图层中的内容。

- ● 🗂图层 1：表示当前图层的名称，双击该名称可对图层名称进行更改。

- ● 🗂图标：表示当前图层的属性，图标为🗂时表示图层是普通图层，图标为🔹时表示图层是引导层，图标为▓时表示图层是遮罩层，图标为🔹时表示图层是被遮罩层。

- ● 🖊按钮：表示该图层为正处于编辑状态的当前图层。

- ● 🔲按钮：单击该按钮可新建一个普通图层。

- ● ⌒按钮：单击该按钮可新建一个引导层。

- ● ▢按钮：单击该按钮可新建一个图层文件夹。

- ● 🗑按钮：单击该按钮可删除选中的图层。

6．图层的基本操作

在了解图层的基本概念后，下面就对 Flash CS3 中图层的基本操作方法进行讲解。

1）新建图层

在 Flash CS3 中，新建图层的方法主要有以下两种。

- ● **新建普通图层**：只需单击图层区域中的🗂按钮，即可在当前图层上方新建一个普通图层。

- ● **新建引导层**：只需单击图层区域中的⌒按钮，即可在当前图层上方新建一个引导层。

2）移动图层

在编辑动画的过程中，有时需要对图层的上下位置进行调整。在 Flash CS3 中，移动图层的具体操作方法是：在图层区域中选中要移动的图层，如图 5.17 所示，按住鼠标左键将其拖动到要移动到的位置，然后释放鼠标左键，效果如图 5.18 所示。

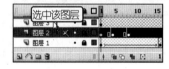

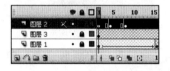

图 5.17　选中图层　　　　　　　　　　　图 5.18　移动图层后的效果

3）重命名图层

Flash CS3 对新建的图层都以"图层 2"和"图层 3"等默认名称命名，为了便于区分各图层的作用并对图层中的内容进行管理，就需要对各图层重新命名，其方法是：在图层区域中双击要重命名的图层名称，使其进入编辑状态（如图 5.19 所示），然后在名称区域中输入图层的新名称，并用鼠标左键单击名称区域外的任意位置确认修改。重命名后的效果如图 5.20 所示。

图 5.19　修改图层名称　　　　　　图 5.20　重命名后的效果

4）删除图层

在 Flash CS3 中，删除图层的方法主要有以下 3 种：

● 选中要删除的图层，然后单击 🗑 按钮。

● 选中要删除的图层，按住鼠标左键并将其拖动到 🗑 按钮上。

● 选中要删除的图层，单击鼠标右键，在弹出的快捷菜单中选择【删除图层】命令。

5）锁定与隐藏图层

在对多个图层进行编辑时，为了便于对当前图层中的内容进行编辑，并防止对未编辑图层中的内容进行误操作，就需要对未编辑图层进行隐藏和锁定。在 Flash CS3 中，隐藏和锁定图层的方法是：单击需要隐藏或锁定的图层右侧与 👁 和 🔒 按钮对应的 • 图标，将其转换为 ✖ 图标和 🔒 图标即可。

注意：若要取消隐藏或解除对图层的锁定，只需再次单击 ✖ 图标和 🔒 图标即可。

6）利用图层文件夹管理图层

如果动画中应用了较多的图层，则可利用图层文件夹对动画中的图层进行分类和管理。在 Flash CS3 中，利用图层文件夹管理图层的具体操作步骤如下：

（1）在图层区域中单击 📁 按钮，新建一个空白图层文件夹，并为该文件夹命名，如图 5.21 所示。

（2）选中要放置到图层文件夹中进行管理的图层，按住鼠标左键将其拖动到图层文件夹中，然后释放鼠标左键，将该图层放置到图层文件夹中，如图 5.22 所示。

图 5.21　新建图层文件夹　　　　　图 5.22　放置到图层文件夹中的图层

（3）用同样的方法新建其他图层文件夹，并将相应的图层放置到与之对应的图层文件夹中，完成对图层的分类和管理。

注意： 若要将图层移出图层文件夹，只需选中该图层，然后按住鼠标左键将其拖动到图层文件夹外即可。另外，在对图层文件夹中的图层进行编辑后，可双击 ▽ 📁 按钮将图层文件夹关闭，以便在图层区域中显示更多的图层。

7）设置图层属性

除了对图层进行移动、隐藏和锁定等操作外，利用【图层属性】对话框还可对图层的属性进行设置和更改。在 Flash CS3 中，设置图层属性的具体操作步骤如下：

（1）选中要设置属性的图层，单击鼠标右键，在弹出的快捷菜单中选择【属性】命令，打开【图层属性】对话框，如图 5.23 所示。

图 5.23　【图层属性】对话框

（2）在该对话框中对图层的名称、图层的隐藏和锁定状态、图层的类型以及图层的轮廓颜色等属性进行设置。

【图层属性】对话框中各选项的功能及含义如下。

- **【名称】文本框：** 用于输入图层的名称，对图层进行重命名。
- ☑ **显示复选框：** 选中该复选框，将显示图层的内容，否则该图层处于隐藏状态。
- ☑ **锁定复选框：** 选中该复选框，可使图层处于锁定状态，否则该图层处于解锁状态。
- ◉ **一般单选按钮：** 选中该单选按钮，可将图层转换为普通图层。
- ◉ **引导层单选按钮：** 选中该单选按钮，可将图层转换为引导层。
- ◉ **被引导单选按钮：** 只有当创建了引导层且当前图层位于引导层下方时，该单选按钮才可被选中。选中该单选按钮，可使当前图层与上方的引导层建立链接关系。
- ◉ **遮罩层单选按钮：** 将图层转换为遮罩层。
- ◉ **被遮罩单选按钮：** 当创建了遮罩层且当前图层处于遮罩层下方时，该单选按钮才可被选中。选中该单选按钮，可使当前图层与遮罩层建立链接关系。
- ◉ **文件夹单选按钮：** 用于将图层转换为图层文件夹的形式。
- **轮廓颜色 ▢ 按钮：** 单击该按钮，可在弹出的颜色列表中选择图层在线框模式下显示的线框颜色。
- ☑ **将图层视为轮廓复选框：** 用于将图层的内容以线框模式进行显示。
- **图层高度 100% ▼ 下拉列表框：** 用于调整图层的高度。

（3）设置完成后，单击 ▢ 确定 按钮，确认对图层属性所做的设置。

5.1.2 典型案例——制作"金色海滩"动画

案例目标

本案例将通过对帧和图层进行操作并配合使用绘图工具和文本工具制作出如图 5.24 所示的"金色海滩"动画效果。

源文件位置：【\第 5 课\源文件\制作"金色海滩"动画.fla】

操作思路：

（1）对"图层 1"进行重命名，并绘制海滩图形。

（2）新建"边线"图层，通过对帧进行相应的操作制作出线条颜色变化闪烁的动画效果。

（3）新建"文字"和"椰树"图层，在这两个图层中制作文字颜色变换和椰树变换的动画效果。

图 5.24 "金色海滩"动画效果

操作步骤

具体操作步骤如下：

（1）新建一个 Flash 空白文档，将其保存为"制作'金色海滩'动画.fla"。在【属性】面板中将场景尺寸设置为 550×400 像素，将背景色设置为白色。

（2）在图层区域中双击"图层 1"名称，将其重命名为"海滩"，然后使用绘图工具在场景中绘制如图 5.25 所示的海滩图形。

（3）选中"海滩"图层的第 60 帧，按【F5】键插入普通帧，完成对"海滩"图层的编辑。

（4）在图层区域中单击 按钮，新建"图层 2"，并将"图层 2"重命名为"边线"，选中该图层的第 6 帧，按【F7】键插入空白关键帧。

（5）在该帧中使用铅笔工具沿"海滩"图层中图形的边缘绘制一条金色的点线条，如图 5.26 所示。

图 5.25 绘制海滩图形

图 5.26 绘制彩色线条

（6）分别在第 11 帧、第 16 帧、第 21 帧、第 26 帧、第 31 帧、第 36 帧、第 41 帧、第 46 帧、第 51 帧和第 56 帧按【F6】键，插入关键帧。

（7）选中"边线"图层的第 11 帧，在该帧中选中金色线条并将其改为红色，如图 5.27

所示。用类似的方法分别将第 16 帧、第 21 帧、第 26 帧、第 31 帧、第 36 帧、第 41 帧、第 46 帧、第 51 帧和第 56 帧中的相应彩色线条改成不同的颜色，使其在播放时出现彩色线条依次变化的动画效果。

（8）在图层区域中单击 按钮，新建"图层 3"，并将"图层 3"重命名为"文字"，然后使用文本工具在该图层中输入金色的"金色海滩"文字，并按两次【Ctrl+B】组合键将文字打散，如图 5.28 所示。

将金色线条改为红色

图 5.27　改变线条颜色　　　　　　图 5.28　输入并打散文字

（9）选中第 6 帧，按【F6】键插入关键帧。参照"边线"图层中关键帧的位置，用同样的方法在"文字"图层的第 10～55 帧之间插入相应的关键帧。

（10）选中第 6 帧中的"金"文字，将文字颜色设置为蓝色，如图 5.29 所示。用同样的方法修改"文字"图层中其余关键帧中的文字颜色，使其在播放时出现文字闪烁并变色的动画效果。

（11）在图层区域中单击 按钮，新建"图层 4"，并将"图层 4"重命名为"椰树"，使用铅笔、刷子和颜料桶工具绘制出椰树的图形，如图 5.30 所示。

修改文字颜色

绘制椰树

图 5.29　修改文字颜色　　　　　　图 5.30　绘制椰树

（12）选中第 6 帧，按【F6】键插入关键帧，然后使用颜料桶工具重新填充该帧中的椰树叶子为渐变色，使其在播放时出现叶子颜色闪烁的动画效果。

（13）按住【Shift】键，分别单击"椰树"图层中的第 1 帧和第 10 帧，选中这段连续的帧，然后将其分别复制到第 11～20 帧、第 21～30 帧、第 31～40 帧、第 41～50 帧和第 51～60 帧。

（14）按【Ctrl+Enter】组合键测试动画，即可看到本案例所制作的"金色海滩"动画效果，如图 5.24 所示。

案例小结

本案例通过将绘制的海滩图形、彩色线条以及输入的文字分别放置到不同图层中并在各图层中插入和复制关键帧制作了表现金色海滩闪烁的动画效果。在本案例中，主要练习了新建图层、重命名图层、选择帧、插入帧以及复制帧等操作。对于本案例中没有练习到的图层和帧的其他常用操作，读者可自行进行练习，以便将其熟练掌握，为后面的学习做好准备。

5.2 逐帧动画

前一节中介绍了 Flash 动画的基本特点和类型，并讲解了帧和图层的基本操作。从这一节开始，将正式对 Flash CS3 中的动画制作进行讲解。在本节中，首先对在 Flash CS3 中制作逐帧动画的基本方法进行详细讲解。

5.2.1　知识讲解

逐帧动画是 3 种基本动画中最有特点、也是最依赖制作者制作水平的一种动画类型，这种动画对制作者的绘画和动画制作功力都有较高的要求。下面就对在 Flash CS3 中创建逐帧动画的方法以及制作逐帧动画的常用技巧进行介绍。

1．创建逐帧动画

在 Flash CS3 中，创建逐帧动画的具体操作步骤如下：

（1）根据逐帧动画所需的帧数量，在时间轴中预先插入相应数量的空白关键帧。

（2）选中逐帧动画中的第 1 个关键帧，然后使用绘图工具在关键帧中绘制图形，如图 5.31 所示。

（3）参照第 1 个关键帧中的图形位置和大小，在第 2 个关键帧中绘制具有动作变化效果的图形，如图 5.32 所示。

图 5.31　绘制第 1 个关键帧图形　　　　图 5.32　绘制第 2 个关键帧图形

（4）用类似的方法依次绘制其余关键帧中的图形。在绘制时应注意关键帧中图形与前一关键帧中图形的相对关系（位置、大小和动作变化）。

（5）绘制所有关键帧中的图形后，通过拖动【时间轴】面板中的播放指针查看逐帧动画的效果，然后根据查看的结果对相应关键帧中的图形进行适当修改。

2. 逐帧动画制作技巧

在制作逐帧动画的过程中，通过使用相应的制作技巧，不但可以提高逐帧动画的制作质量，还可以大幅提高制作逐帧动画的效率。

1）预先绘制草图

如果逐帧动画中的动作变化较多且动作变化幅度较大（如人物奔跑），把握不好的话，就可能出现动作失真以及过渡不流畅等情况，从而影响动画的最终效果。因此，在制作这类动画时，为了确保动作的流畅和连贯，通常应在正式制作之前绘制各关键帧动作的草图，在草图中应大致确定各关键帧中图形的形状、位置、大小以及各关键帧之间因为动作变化而需要产生变化的图形部分，在修改并最终确认草图内容后，再参照草图对逐帧动画进行制作。

2）使用修改方式创建逐帧动画

如果逐帧动画的各关键帧中需要变化的内容不多且变化的幅度较小（如拖布轻微变动），就不需要对每一个关键帧都进行重新绘制，只需将最基本的关键帧图形复制到其他关键帧中，然后使用选择工具和部分选取工具并结合绘图工具对这些关键帧中的图形进行调整和修改即可，如图 5.33 和图 5.34 所示。

图 5.33　复制关键帧图形　　　　　图 5.34　调整并修改关键帧图形

3）使用绘图纸外观功能编辑动画

使用 Flash CS3 中提供的绘图纸外观功能（也叫洋葱皮工具），可以在编辑动画的同时查看多个帧中的动画内容。在制作逐帧动画时，利用该功能可以对各关键帧中图形的大小和位置进行更好的定位，并参考相邻关键帧中的图形对当前帧中的图形进行修改和调整，从而在一定程度上提高逐帧动画的质量和制作效率。在 Flash CS3 中，使用绘图纸外观功能的具体操作步骤如下：

（1）在时间轴中选中要使用绘图纸外观功能查看的帧。

（2）在【时间轴】面板下方单击🔲按钮，开启绘图纸外观功能。

（3）按住鼠标左键拖动时间轴上的游标，可以增加或减少场景中同时显示的帧数量。

（4）在根据需要调整显示的帧数量后，即可在场景中看到选中帧和其相邻帧中的内容，如图 5.35 所示。

在【时间轴】面板中，除通过单击🔲按钮开启绘图纸外观功能外，还可利用绘图纸外观轮廓方式显示多个帧中的内容，并在场景中对多个帧同时进行编辑。【时间轴】面板中

各按钮的功能及含义如下。

- 【绘图纸外观轮廓】按钮：按下该按钮，可将除当前帧外所有在游标范围内的帧以轮廓方式显示，如图 5.36 所示。

图 5.35　以绘图纸外观方式显示　　　　图 5.36　以绘图纸外观轮廓方式显示

- 【编辑多个帧】按钮：按下该按钮，可对处于游标范围内并显示在场景中的所有关键帧中的内容进行编辑。
- 【修改绘图纸标记】按钮：单击该按钮将打开一个菜单，在该菜单中可对绘图纸外观是否显示标记、是否锚定绘图纸以及对绘图纸外观所显示的帧范围等选项进行设置。

5.2.2　典型案例——制作"拖地"逐帧动画

案例目标

本案例将制作一个表现女孩头发和裙子随风舞动的"拖地"逐帧动画，如图 5.37 所示。通过本案例的练习，可熟练掌握在 Flash CS3 中制作逐帧动画的基本方法。

图 5.37　"拖地"逐帧动画的效果

素材位置：【\第 5 课\素材】
源文件位置：【\第 5 课\源文件\制作"拖地"逐帧动画.fla】
操作思路：
（1）将"5006.bmp"图片素材导入到库中，并将其放置到场景中。

（2）新建"人物"图层，然后使用绘图工具绘制逐帧动画的第1个关键帧中的图形。

（3）参考第1个关键帧中的图形，依次绘制逐帧动画中其余关键帧中的图形。

操作步骤

本案例通过制作逐帧动画来表现头发与裙子飘动，其具体操作步骤如下：

（1）新建 Flash 文档，在【属性】面板中将场景尺寸设置为 550×400 像素，将背景色设置为白色，然后选择【文件】→【保存】命令，将其保存为"制作'拖地'逐帧动画.fla"。

（2）选择【文件】→【导入】→【导入到库】命令，将"5006.bmp"图片素材导入到库中。

（3）将"图层1"重命名为"背景"，从【库】面板中将"5006.bmp"拖动到场景中，并使用任意变形工具将其调整到与场景相同的大小，然后选中第8帧，按【F5】键插入普通帧。

（4）新建一个图层，将其重命名为"人物"，使用绘图工具在场景中绘制如图 5.38 所示的图形轮廓。

（5）使用颜料桶工具为图形填充颜色，并将图形中的多余线条删除，如图 5.39 所示。

图 5.38　绘制图形轮廓　　　　　　　　　图 5.39　为图形填充颜色

（6）将绘制好的图形放置到场景右下角，如图 5.40 所示。在第 2 帧插入空白关键帧，然后参考第 1 个关键帧中图形的位置和大小绘制第 2 个关键帧中的图形，如图 5.41 所示（为了便于编辑，本案例在绘制图形时隐藏了"背景"图层）。

将图形放置到场景右下角

图 5.40　放置图形　　　　　图 5.41　绘制第 2 个关键帧中的图形

说明：在绘制第 2 个关键帧中的图形时，可开启绘图纸外观功能，以提高图形绘制的精确度。

（7）用同样的方法依次绘制其余帧中的图形，如图 5.42 所示。

图 5.42　其余帧中的图形

（8）绘制完成后，拖动【时间轴】面板中的播放指针，查看逐帧动画的播放效果，然后根据查看的结果对相应关键帧中的图形进行适当修改。

（9）按【Ctrl+Enter】组合键测试动画，即可看到本案例制作的"拖地"逐帧动画效果，如图 5.37 所示。

案例小结

本案例通过制作"拖地"逐帧动画练习了在 Flash CS3 中创建逐帧动画的基本方法，并涉及到了绘图纸外观功能的基本应用。在制作逐帧动画的过程中，应根据动画的实际情况选择相应的绘图纸外观显示方式，或开启同时编辑多个帧的功能，对动画中的图形进行编辑和修改。另外，因为逐帧动画对制作者的绘画和动画制作功力有一定的要求，所以读者在练习创建逐帧动画的同时还应重视对自身绘画能力的提高。

5.3　动画补间动画

动画补间动画是应用最多的一种 Flash 动画类型，通常用于在两个关键帧之间为相同的图形创建移动、旋转以及缩放等动画效果（如表现文字移动的效果）。

5.3.1　知识讲解

在了解动画补间动画的特点和用途后，下面就对在 Flash CS3 中创建动画补间动画以及为动画补间动画添加附加效果的方法进行介绍。

1．创建动画补间动画

在 Flash CS3 中，创建动画补间动画的具体操作步骤如下：

（1）在要作为动画起始帧的关键帧中导入图形，如图 5.43 所示。

（2）在时间轴中选中该关键帧，单击鼠标右键，在弹出的快捷菜单中选择【创建补间动画】命令，创建动画补间动画，如图 5.44 所示。

图 5.43　导入图形

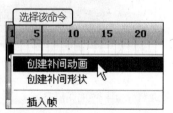

图 5.44　创建动画补间动画

（3）选中第20帧，按【F6】键插入关键帧，将该关键帧作为动画补间动画的结束帧，此时两关键帧之间出现 标志，表示动画补间动画创建成功。

> **注意：** 如果在两个关键帧之间出现 ●------● 标志，表示动画补间动画未创建成功或在创建时出错。

（4）选中第20帧中的图形，将其拖动到场景左侧（如图5.45所示），即通过调整两个关键帧中图形的位置关系，在第1~20帧之间创建表现图形移动的动画补间动画。

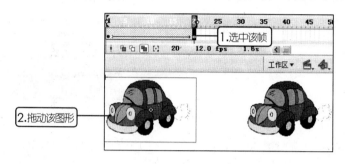

图5.45 拖动第20帧中的图形

> **注意：** 动画补间动画不但可以在两个关键帧之间创建，而且可以在多个关键帧之间创建。

2. 为动画补间动画添加附加效果

在Flash CS3中，通过在【属性】面板中进行相应的设置，还可以为创建的动画补间动画添加旋转、明暗变化、色调变化以及颜色变化等附加效果。

1）添加旋转效果

在创建动画补间动画后，除了通过任意变形工具调整图形旋转角度来实现图形旋转效果外，还可在【属性】面板中为动画补间动画添加更加规则的旋转效果，操作步骤如下：

（1）在时间轴中选中动画补间动画的起始关键帧。

（2）在【属性】面板中单击 旋转：自动 下拉列表框中的 按钮，然后在弹出的下拉列表中选择一种旋转方式，如图5.46所示。

（3）设置旋转方式后，在下拉列表框右侧的文本框中输入相应的数字，以设置图形旋转的次数，如图5.47所示。设置完成后，即可为创建的动画补间动画添加设置的旋转效果，如图5.48所示。

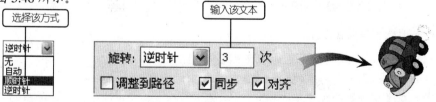

图5.46 选择旋转方式　　　图5.47 设置旋转次数　　　图5.48 添加的旋转效果

2）添加明暗变化效果

为动画补间动画添加明暗变化效果的具体操作步骤如下：

（1）选中动画补间动画的起始帧或结束帧中的图形。

（2）在【属性】面板中单击 颜色：无 下拉列表框中的 按钮，在弹出的下拉列表中选择【亮度】选项，如图 5.49 所示。

（3）选择该选项后，在下拉列表框右侧将出现 0% 数值框，单击数值框中的 按钮，然后在弹出的调节框中拖动滑块，对其中的数值进行调节（如图 5.50 所示），即可调整所选图形的明暗度（如图 5.51 所示），并为动画补间动画添加明暗变化效果。

 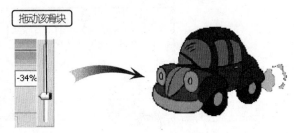

图 5.49　选择【亮度】选项　　图 5.50　调节图形亮度值　　图 5.51　调整亮度后的图形效果

3）添加色调变化效果

为动画补间动画添加色调变化效果的具体操作步骤如下：

（1）选中动画补间动画的起始帧或结束帧中的图形。

（2）在【属性】面板中单击 颜色：无 下拉列表框中的 按钮，在弹出的下拉列表中选择【色调】选项。选择该选项后，在下拉列表框右侧将出现相应的数值框（其中，位于上方右侧的数值框用于调节图形的亮度值，位于下方的 3 个数值框分别用于调整图形的红色、绿色和蓝色色调），如图 5.52 所示。

（3）单击数值框中的 按钮，然后在打开的调节框中拖动滑块，对其中的数值进行调节，即可对图形的色调进行调整（如图 5.53 所示），并为动画补间动画添加色调变化效果。

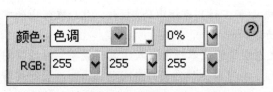 

图 5.52　选择【色调】选项后出现的数值框　　　　图 5.53　调整色调后的图形效果

4）添加透明度变化效果

为动画补间动画添加透明度变化效果的具体操作步骤如下：

（1）选中动画补间动画的起始帧或结束帧中的图形。

（2）在【属性】面板中单击 颜色：无 下拉列表框中的 按钮，在弹出的下拉列表中选择【Alpha】选项。选择该选项后，在下拉列表框右侧将出现 100% 数值框。

（3）单击数值框中的 按钮，然后在打开的调节框中拖动滑块，对其中的数值进行调节（数值为 100 表示不透明，数值为 0 表示完全透明），即可对图形的透明度进行调整（如图 5.54 所示），并为动画补间动画添加透明度变化效果。

技巧： 通过将起始帧或结束帧中的图形设置为完全透明，可以创建图形淡入或淡出场景的动画效果。

5）添加高级颜色变化效果

为动画补间动画添加高级颜色变化效果的具体操作步骤如下：

（1）选中动画补间动画的起始帧或结束帧中的图形。

（2）在【属性】面板中单击 颜色： 无 ▼ 下拉列表框中的 ▼ 按钮，在弹出的下拉列表中选择【高级】选项，然后单击右侧出现的 设置... 按钮，打开【高级效果】对话框，如图 5.55 所示。

（3）单击相应数值框中的 ▼ 按钮，并在打开的调节框中拖动滑块调节数值，对图形的色调和透明度进行调节。除此之外，还可通过调节右侧的附加数值框，增加对色调和透明度的调节强度（效果如图 5.56 所示）。

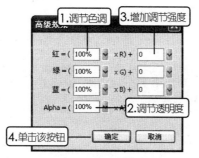

图 5.54 调整透明度后的效果　　图 5.55 【高级效果】对话框　　图 5.56 增加调节强度后的效果

（4）调整完成后，单击 确定 按钮，为动画补间动画添加高级颜色变化效果。

5.3.2 典型案例——制作广告 Banner

案例目标

本案例将通过为导入的图片素材和输入的文字创建相应的动画补间动画制作一个广告 Banner，如图 5.57 所示。通过本案例，读者可掌握在 Flash CS3 中创建动画补间动画的方法并练习为动画补间动画添加附加效果的基本操作。

图 5.57 广告 Banner 效果

源文件位置：【\第 5 课\源文件\制作广告 Banner.fla】

操作思路：

（1）用矩形和颜料桶工具绘制一个渐变色矩形，作为"背景"图层。

（2）新建"太阳"、"海水"和"海滩"图层，并在"太阳"和"海水"两个图层

中分别创建表现太阳上升和海水移入场景的动画补间动画。

（3）用工具绘制云朵图形，创建"云层1"和"云层2"图层。

（4）新建"文字1"和"文字2"图层，并在这两个图层中创建文字移入场景的动画补间动画。

操作步骤

本案例将制作一个动画补间动画，其具体操作步骤如下：

（1）新建 Flash 文档，在【属性】面板中将场景尺寸设置为 650×100 像素，将背景色设置为白色，然后选择【文件】→【保存】命令，将其保存为"制作广告 Banner.fla"。

（2）将"图层1"重命名为"背景"，用矩形工具绘制一个矩形，选取颜料桶工具，将颜色设置为橙色线性渐变色，然后填充矩形。

（3）选取矩形，按【F8】键将其转换为元件，使用任意变形工具将其调整到与场景相同的大小，如图 5.58 所示。选中第 50 帧，按【F5】键插入普通帧。

图 5.58 填充矩形并调整其大小

（4）新建图层，将其重命名为"太阳"，在第 15 帧插入空白关键帧，并使用绘图工具绘制如图 5.59 所示的红色圆。然后，绘制一个颜色渐变的圆环，放置在圆周围（如图 5.60 所示），并按【F8】键将其转换为元件。

图 5.59 绘制太阳图形　　　　　　　图 5.60 绘制圆环

（5）选中第 15 帧，单击鼠标右键，在弹出的快捷菜单中选择【创建补间动画】命令，为该帧创建动画补间动画。然后，将太阳图形放置到场景下侧，如图 5.61 所示。

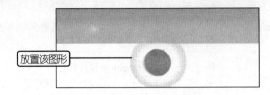

图 5.61 放置太阳图形

（6）在第 50 帧插入关键帧，并将第 50 帧中的太阳图形向上方拖动（如图 5.62 所示），以实现太阳向上升起的动画效果。

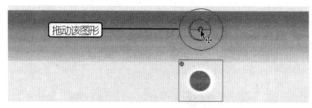

图 5.62　将第 50 帧中的太阳图形向上拖动

（7）为了使太阳升起的效果更佳，还需为创建的动画补间动画添加透明度变化效果。选中第 15 帧中的太阳图形，在【属性】面板中单击 颜色: 无 下拉列表框中的 按钮，在弹出的下拉列表中选择【Alpha】选项，并单击右侧 100% 数值框中的 按钮，然后在打开的调节框中拖动滑块，将透明度数值设置为 80，使太阳图形呈现半透明状态。

（8）新建图层，将其重命名为"海水"。在第 5 帧按【F6】键插入关键帧，使用绘图工具在场景中绘制一个如图 5.63 所示的图形（颜色为蓝色线性渐变色）。

图 5.63　绘制海水图形

（9）选中第 5 帧，创建动画补间动画，然后将海水图形放置到场景右侧边界外。

（10）在第 10 帧插入关键帧，然后将第 10 帧中的海水图形拖动到场景中，如图 5.64 所示，创建出海水快速移入场景的动画效果。选中第 5 帧中的海水图形，将其 Alpha 值设置为 80。

图 5.64　将海水图形拖动到场景中

（11）新建图层，将其重命名为"沙滩"，在第 1 帧插入关键帧，然后用绘图工具绘制沙滩图形（如图 5.65 所示），并按【F8】键将其转换为元件。

图 5.65　绘制沙滩图形

（12）新建图层，将其重命名为"云层 1"，在第 1 帧插入关键帧，然后用绘图工具绘制云朵图形（如图 5.66 所示），并按【F8】键将其转换为元件。

（13）选中第 1 帧，创建动画补间动画，然后分别在第 10 帧、第 20 帧、第 30 帧、第 40 帧和第 50 帧插入关键帧，并适当调整云朵的位置。

（14）新建图层，将其重命名为"云层 2"，在第 1 帧插入关键帧，然后用绘图工具绘制云朵图形（如图 5.67 所示），并按【F8】键将其转换为元件。

图 5.66　在"云层 1"图层中绘制云朵图形　　图 5.67　在"云层 2"图层中绘制云朵图形

（15）选中第 1 帧，创建动画补间动画，将该帧中的云朵的 Alpha 值设置为"55"，然后在第 25 帧和第 50 帧插入关键帧，并将第 25 帧中的云朵图形拖动到场景左侧，如图 5.68 所示。

图 5.68　拖动放置云朵

（16）新建图层，将其重命名为"文字 1"，在第 15 帧插入空白关键帧，使用文本工具在场景中输入"让我们用双手"蓝色文字。选中第 15 帧，创建动画补间动画，然后将第 15 帧中的文字拖动到场景左侧边界外。

（17）在第 20 帧和第 45 帧分别插入关键帧，将第 20 帧和第 25 帧中的文字分别拖动到场景中，如图 5.69 所示。将第 15 帧中的文字设置为半透明，制作出文字淡入并快速移入场景、在场景中缓慢移动的动画效果。

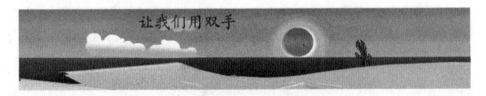

图 5.69　将文字拖动到场景中

（18）新建图层，将其重命名为"文字 2"，并使用相同的方法制作"拖起明天的太阳"蓝色文字移入场景的动画效果，如图 5.70 所示。

图 5.70　将文字拖动到场景中

（19）按【Ctrl+Enter】组合键测试动画，即可看到本案例制作的广告 Banner 动画效果。

案例小结

本案例通过制作广告 Banner 练习了在 Flash CS3 中创建动画补间动画的基本方法，并演练了为动画补间动画添加附加效果的基本操作。在本案例的制作过程中，读者除了重点掌握动画补间动画的相关内容外，还应该了解 Banner 动画的制作思路和流程，并尝试制作类似的动画效果，从而在练习本节所学知识的同时掌握广告 Banner 类动画的制作方法和技巧。

5.4　形状补间动画

形状补间动画可以在两个关键帧之间为图形创建自然过渡的变形动画效果。合理地利用形状补间动画，可以在动画中制作出各类精美的形状变化效果。

5.4.1　知识讲解

在了解形状补间动画的特点和用途后，下面对在 Flash CS3 中创建形状补间动画以及利用形状提示控制形状变化过程的方法进行介绍。

1．创建形状补间动画

在 Flash CS3 中，创建形状补间动画的具体操作步骤如下：

（1）在要作为动画起始帧的关键帧中绘制用于创建形状补间动画的初始图形，如图 5.71 所示。

（2）在要作为动画结束帧的位置插入空白关键帧，然后在该帧中绘制形状补间动画的终止图形，如图 5.72 所示。

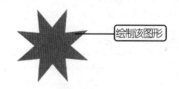

图 5.71　绘制初始图形　　　图 5.72　绘制终止图形

（3）选中起始关键帧，然后在【属性】面板中单击补间：下拉列表框中的下拉按钮，在弹出的下拉列表中选择【形状】选项（如图 5.73 所示），创建形状补间动画。

（4）此时，在两个关键帧之间出现标志，表示形状补间动画创建成功。创建的形状补间动画效果如图 5.74 所示。

图 5.73　创建形状补间动画　　　图 5.74　创建的形状补间动画效果

> **注意：** 在创建形状补间动画后，【属性】面板中将出现混合：分布式 下拉列表框，在该下拉列列表框中选择【分布式】选项，可使形状变化过程中的形状过渡得更加自然、流畅；选择【角形】选项，可在形状变化过程中保持图形中的棱角，此模式适用于有尖锐棱角的图形之间的变换。

2. 为动画添加形状提示

在创建形状补间动画后，通过为动画添加形状提示，可以对图形各部分之间的变形和过渡效果进行控制，从而制作出更具变化的变形效果。在 Flash CS3 中，为形状补间动画添加形状提示的具体操作步骤如下：

（1）选中形状补间动画的起始关键帧。

（2）选择【修改】→【形状】→【添加形状提示】命令，为该帧中的图形添加形状提示，如图 5.75 所示。

（3）在场景中按住鼠标左键，将形状提示拖动到图形中的相应位置，如图 5.76 所示。

图 5.75　添加形状提示　　　　　图 5.76　拖动形状提示

> **技巧：** 选中关键帧后，按【Ctrl＋Shift＋H】组合键也可为其添加形状提示。

（4）选中形状补间动画的终止关键帧，可看到在该帧的图形中自动添加了一个相同的形状提示，如图 5.77 所示。

（5）按住鼠标左键，将该帧中的形状提示拖动到图形中的相应位置，这时形状提示的颜色变为绿色（如图 5.78 所示），同时，起始关键帧中的形状提示的颜色变为黄色，表示形状提示添加成功。

图 5.77　终止关键帧中的形状提示　　　　图 5.78　形状提示添加成功

（6）使用同样的方法分别为图形添加其他形状提示，如图 5.79 和图 5.80 所示，然后对动画进行测试，即可看到两个关键帧中的图形按照形状提示的对应位置进行变形的动画效果。

图 5.79　添加到起始关键帧中的形状提示　　　图 5.80　添加到终止关键帧中的形状提示

注意：在一个形状补间动画中最多可添加 26 个形状提示，添加的形状提示按字母顺序自动命名。

若要删除添加的形状提示，可通过如下方法进行操作。

● **删除单个形状提示**：将形状提示拖出场景区域（或在形状提示上单击鼠标右键，在弹出的快捷菜单中选择【删除提示】命令）。

● **删除所有的形状提示**：选择【修改】→【形状】→【删除所有提示】命令（或在形状提示上单击鼠标右键，在弹出的快捷菜单中选择【删除所有提示】命令）。

5.4.2　典型案例——制作"小草开花"动画

（案例目标）

本案例将利用形状补间动画制作一个"小草开花"动画，如图 5.81 所示。通过本案例，可掌握在 Flash CS3 中创建形状补间动画的方法。

图 5.81　"小草开花"动画

素材位置：【\第 5 课\素材\】
源文件位置：【\第 5 课\源文件\制作"小草开花"动画.fla】
操作思路：

（1）导入"画纸.jpg"图片素材，然后利用图片素材制作"画纸"图层。

（2）新建 3 个图层，将其重命名为"小草"、"花干"和"花"，并在这 3 个图层中分别制作表现小草变形、长出花干和花朵开放的形状补间动画。

（3）新建图层，并将其重命名为"文字"，利用打散的文字创建表现文字变形的形状补间动画。

操作步骤

具体操作步骤如下：

（1）新建 Flash 文档，在【属性】面板中将场景尺寸设置为 200×240 像素，将背景色设置为白色，然后选择【文件】→【保存】命令，将其保存为"制作'小草开花'.fla"。

（2）选择【文件】→【导入】→【导入到库】命令，将"画纸.jpg"图片素材导入到库中。

（3）将"图层 1"重命名为"画纸"，从【库】面板中将"画纸.jpg"拖动到场景中，并将其调整为与场景相同的大小，如图 5.82 所示，然后在该图层的第 70 帧插入普通帧。

（4）新建图层，将其重命名为"小草"，使用椭圆工具在画纸的下方绘制一个无边框的深绿色椭圆，如图 5.83 所示。

（5）在第 30 帧插入空白关键帧，然后使用刷子工具在画纸中绘制一个绿色的小草图形，如图 5.84 所示。

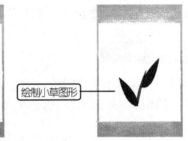

图 5.82　放置"画纸.jpg"　　　　图 5.83　绘制椭圆　　　　图 5.84　绘制小草图形

（6）选中"小草"图层的第 1 帧，在【属性】面板中单击补间：无下拉列表框中的按钮，在弹出的下拉列表中选择【形状】选项，创建出小草变形的形状补间动画，如图 5.85 所示。

（7）新建图层，将其重命名为"花干"，在第 30 帧插入空白关键帧，然后使用椭圆工具绘制棕色椭圆，如图 5.86 所示。

（8）在第 40 帧插入空白关键帧，使用刷子工具绘制黄的花干图形，效果如图 5.87 所示。

图 5.85　创建的形状补间动画　　　图 5.86　绘制棕色椭圆　　　图 5.87　绘制花干图形

（9）选中第30帧，在【属性】面板中单击 补间：无 下拉列表框中的 按钮，在弹出的下拉列表中选择【形状】选项，在第30~40帧创建出逐渐长出花干的形状补间动画。

（10）新建图层，将其重命名为"花"，在第40帧插入空白关键帧，用工具绘制花骨朵图形；在第50帧插入空白关键帧，用工具绘制出花图形。选中第40帧，在【属性】面板中单击 补间：无 下拉列表框中的 按钮，在弹出的下拉列表中选择【形状】选项，在第40~50帧创建出花朵逐渐开放的形状补间动画。

（11）新建图层，将其重命名为"文字"，在第51帧插入空白关键帧，使用刷子工具在画纸右下角绘制棕色色块，如图5.88所示。

（12）在第61帧插入空白关键帧，单击文本工具，输入"小草开花"棕色文字，并按【Ctrl+B】组合键将文字打散，如图5.89所示。

图5.88 绘制色块

图5.89 输入文字

（13）选中每一图层的第71帧，按【F5】键插入帧。

（14）按【Ctrl+Enter】组合键测试动画，即可看到本案例制作的"小草开花"动画效果，如图5.82所示。

案例小结

本案例通过制作"小草开花"动画练习了在Flash CS3中创建形状补间动画的基本方法。在本案例的制作过程中，如果花在变化时位置出现交错的情况，可通过为相应的椭圆和花图形添加形状提示的方法来处理。另外，在制作本案例后，还可尝试制作类似的动画效果，以尽快掌握形状补间动画的制作方法。

5.5 上机练习

在学习本课知识点并通过实例演练相关的操作后，相信读者已经熟练掌握了帧和图层的基本应用以及3种基本动画的创建方法。下面，通过两个上机练习再次巩固本课所学内容。

5.5.1 制作"飞奔"动画

本练习将制作表现人物跑动的逐帧动画，然后配合导入的图片素材制作出表现人物快速奔跑的动画效果，如图5.90所示。本练习主要练习创建逐帧动画及利用图片素材衬托动画效果。

图 5.90　"飞奔"动画效果

素材位置：【\第 5 课\素材\】

源文件位置：【\第 5 课\源文件\制作"飞奔"逐帧动画.fla】

操作思路：

- 将文档的场景尺寸设置为 500×250 像素，将背景颜色设置为白色。
- 在"人物"图层中依次插入空白关键帧，并利用绘图工具在各关键帧中依次绘制表现人物奔跑动作的连续图形。
- 在"人物"图层下方新建图层，将其重命名为"背景"，然后利用导入的"模糊.jpg"素材图片制作背景向后移动的逐帧动画。

5.5.2　制作"动物学校"动画

本练习将利用动画补间动画制作一个用于宣传作品的 Banner 动画，如图 5.91 所示。本练习主要练习创建动画补间动画，并再次巩固运用动画补间动画制作 Banner 动画的相关知识。

图 5.91　"动物学校"动画效果

素材位置：【\第 5 课\素材\】

源文件位置：【\第 5 课\源文件\制作"动物学校"动画.fla】

操作思路：

- 将文档的场景尺寸设置为 600×250 像素，将背景颜色设置为黄色，将帧频设置为 18fps。
- 制作表现卡通图形闪烁的"小白兔"影片剪辑元件（元件中的小白兔图形可从"为小白兔填色.fla"中获得），然后利用导入的"背景.jpg"图片制作表现背景运动的"背景动"影片剪辑元件。

- 新建图层，将其重命名为"背景"，在图层中制作"背景动"影片剪辑淡入场景的动画补间动画。新建引导图层，在图层中制作白色矩形移入场景并放大的动画补间动画。

- 新建图层，将其重命名为"角色"，利用"小白兔"影片剪辑元件制作图形缩放的动画补间动画。然后，分别新建"文字1"和"文字2"图层，在这两个图层中为相关的文字制作动画补间动画。

5.6 疑难解答

问： 为什么插入关键帧后其后方会自动插入普通帧？

答： 这是 Flash CS3 中的正常现象：在 Flash CS3 中新建图层时，新建图层的帧长度会自动与已创建图层中最长的帧长度相匹配（例如，已创建图层中最长的帧长度是1200帧，则新建的图层长度都会自动延续到1200帧）。在这种情况下，如果在图层中插入关键帧，就会在该关键帧后方自动插入相应长度的普通帧。对于这种现象，只需保留该关键帧所需的普通帧数量，然后选中多余的普通帧并将其删除即可。

问： 在利用元件创建动画补间动画后，在其后方插入关键帧并放入其他元件时，为何会自动变为动画补间动画中的元件？遇到这种情况应如何处理？

答： 这种情况是因为 Flash CS3 将新元件误认为动画补间动画中的元件并自动创建了动画补间动画造成的。对于这种情况，可通过以下两种方法来处理：一、创建动画补间动画后，选中动画补间动画的终止关键帧，单击鼠标右键，在弹出的快捷菜单中选择【删除补间】命令，然后再执行插入关键帧并放入元件的操作。二、在动画补间动画的结束关键帧和插入的关键帧之间插入空白关键帧，通过空白关键帧将其分隔开。

问： 创建动画补间动画并在关键帧中添加图形后，为何创建成功的动画会出现 ⦗┉┉┉┉┉┅⦘ 标志？

答： 动画补间动画只能在两个关键帧之间为相同的图形创建动画效果，而在创建成功的动画中添加图形、文字或元件等内容，就使得两个关键帧中的图形出现差异，破坏了动画补间动画的创建条件，因此，已创建好的动画补间动画会自动解除。如果需要表现多个图形所出现的相同变化，可在创建动画补间动画前在起始帧和结束帧中绘制这些图形，然后再创建动画。如果要表现多个图形出现的不同变化，则需要为不同图形创建动画补间动画，然后通过创建的多个动画补间动画来表现（或利用形状补间动画来表现）。

5.7 课后练习

1. 选择题

（1）要选中连续的多个帧，需要在选择帧的同时按住（　　　）键。

　A. 【Ctrl】　　　　　　　　　B. 【Alt】
　C. 【Shift】　　　　　　　　 D. 【Tab】

（2）若要改变时间轴中帧的显示方式，应单击（　　　　）按钮。

A. 　　　　　　　　　　　　　B.

C. 　　　　　　　　　　　　　D.

（3）在创建逐帧动画时，可通过单击（　　　）按钮开启绘图纸外观功能。

A. □　　　　　　　　　　　　B.

C. 　　　　　　　　　　　　　D.

（4）通过【属性】面板中的 颜色：无 ▼ 下拉列表框可为动画补间动画添加（　　　）等附加效果。

A. 明暗变化　　　　　　　　　B. 色调变化

C. 旋转效果　　　　　　　　　D. 高级颜色变化

2. 问答题

（1）Flash 动画有哪些基本特点？

（2）Flash 的基本动画有几种？简述其各自的特点和功能。

（3）简述为动画补间动画添加高级颜色变化效果的方法。

3. 上机题

（1）使用工具绘制小松鼠，并为小松鼠创建动画补间动画，制作一个如图 5.92 所示的"照镜子"动画。

源文件位置：【\第 5 课\源文件\制作"照镜子"动画.fla】

提示： 在制作中需要注意以下几点。

● 动画场景尺寸为 400×200 像素，背景色为粉红色。

● 在"角色"图层中制作表现角色的"小松鼠"图形元件。

● 新建"镜面角色"图层，利用水平翻转的小松鼠图形制作出与"角色"图层呈反向运动的动画补间动画。

（2）参考"小草开花"动画的制作方法制作如图 5.93 所示的"对折纸"动画。

源文件位置：【\第 5 课\源文件\制作"对折纸"动画.fla】

提示： 利用形状补间动画制作图形变化效果，与"小草开花"动画类似，在制作中需要注意以下几点。

● 动画场景尺寸为 550×400 像素，背景色为白色。

● 分别新建"静态"和"动态"图层，并在各图层中绘制图形，为图形创建形状补间动画。

● 若图形变形过程中出现位置交错的情况，可通过添加形状提示进行控制。

图 5.92　"照镜子"动画效果

图 5.93　"对折纸"动画效果

第 **6** 课
特殊动画制作

本课要点

- 引导动画
- 遮罩动画
- 滤镜动画

具体要求

- 了解引导层的基本概念并掌握利用引导层制作引导动画的方法
- 了解遮罩层的基本概念并掌握利用遮罩层制作遮罩动画的方法
- 了解滤镜的概念、掌握滤镜的添加方法并学会制作滤镜动画

本课导读

在 Flash CS3 中，除了创建逐帧动画、动画补间动画和形状补间动画 3 种基本动画外，还可利用引导层和遮罩层创建引导动画和遮罩动画。另外，应用 Flash CS3 新增的滤镜功能，可以为文本、按钮和影片剪辑添加特定的滤镜效果，为创建的动画添加适当的滤镜，从而制作出效果精美的滤镜动画。

- 引导动画：用于制作动画对象沿指定路径运动的动画。
- 遮罩动画：用于制作动画对象按指定形状显示的动画。
- 滤镜动画：用于制作动画对象出现模糊、投影以及发光等特效的动画。

6.1 引 导 动 画

通过为动画对象创建引导动画，可以使动画对象沿用户指定的路径运动（如沿指定路径飘落的树叶）。巧妙地应用引导动画，并通过将引导动画与其他动画类型相结合，可以制作出具有引导效果的精美动画。

6.1.1 知识讲解

在 Flash CS3 中，引导动画主要通过引导层来实现，下面就对引导层的基本概念、新建引导层以及利用引导层创建引导动画的方法进行讲解。

1. 引导层

引导层是 Flash CS3 中的特殊图层之一，如图 6.1 所示。在引导层中，用户可绘制作为运动路径的线条，然后在引导层与普通图层之间建立链接关系，使普通图层中的动画补间动画中的动画对象沿绘制的路径运动（如图 6.2 所示），从而制作出沿指定路径运动的引导动画。

图 6.1 引导层

图 6.2 动画对象沿路径运动

在 Flash CS3 中，新建引导层的常用方法主要有以下 3 种。

- **利用按钮创建：**单击图层区域中的 按钮，即可在当前图层上方创建引导层。
- **利用菜单创建：**在要与引导层链接的普通图层上单击鼠标右键，在弹出的快捷菜单中选择【添加引导层】命令（如图 6.3 所示），即可在该图层上方创建一个与之链接的引导层。
- **通过改变图层属性创建：**在图层区域中双击要转换为引导层的图层的图层图标 ，打开【图层属性】对话框，在【类型】栏中选中 引导层单选按钮，然后单击 确定 按钮（如图 6.4 所示），将图层转换为引导层。

图 6.3 添加引导层

图 6.4 改变图层属性

注意：通过改变图层属性创建引导层后，引导层的图标为 ，表示引导层没有与任何图层建立链接关系（如图6.5所示），此时还需要双击引导层下方图层的图层图标 ，在【图层属性】对话框中选中 ⊙被引导 单选按钮并单击 确定 按钮，在引导层与该图层间创建链接关系，如图6.6所示。

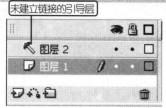

图6.5　未建立链接关系的引导层

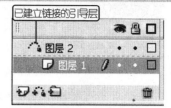

图6.6　建立链接关系

技巧：在要转换为引导层的图层上单击鼠标右键，在弹出的快捷菜单中选择【引导层】命令，也可将该图层转换为引导层。

若要将引导层重新转换为普通图层，最常用的方法有以下两种。

● **利用菜单转换**：在引导层上单击鼠标右键，在弹出的快捷菜单中选择【引导层】命令，即可将选中的引导层转换为普通图层。

● **通过改变图层属性转换**：在引导层上双击图层图标 ，打开【图层属性】对话框，在【类型】栏中选中 ⊙一般 单选按钮，然后单击 确定 按钮。

2. 创建引导动画

在Flash CS3中，创建引导动画的具体操作步骤如下：

（1）在普通图层中绘制要被引导的图形，如图6.7所示。

（2）在图层区域中单击 按钮，在普通图层上方新建引导层，然后使用铅笔工具在场景中绘制作为路径的引导线，如图6.8所示。

图6.7　绘制图形

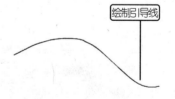

图6.8　绘制引导线

注意：绘制的引导线应连续且流畅，如果引导线出现中断、交叉和转折过多等情况，将会导致引导动画无法正常创建。

（3）根据要创建的引导动画长度，在引导层中的相应位置插入普通帧（如引导动画的长度为70帧，就在第70帧插入普通帧）。

（4）选中普通图层的第1帧，单击鼠标右键，在弹出的快捷菜单中选择【创建补间动画】命令，创建动画补间动画。

（5）按住鼠标左键，将第1帧中的图形拖动到引导线的一端，此时图形将自动吸附到引导线上，如图6.9所示。

（6）在第70帧插入关键帧，然后将第70帧中的图形拖动到引导线的另一端，并使其吸附到引导线上，如图6.10所示。

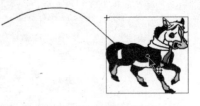

| 图 6.9 将图形吸附到引导线上 | 图 6.10 调整第 70 帧中图形的位置 |

（7）至此，引导动画创建完毕，其时间轴状态如图 6.11 所示。按【Ctrl+Enter】组合键，预览创建的引导动画效果。

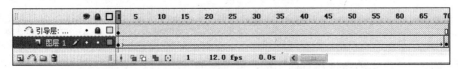

图 6.11 创建引导动画后的时间轴状态

6.1.2 典型案例——制作"滚山坡"动画

案例目标

本案例将利用"刺猬"影片剪辑创建一个刺猬沿山坡运动的引导动画，制作出如图 6.12 所示的"滚山坡"动画效果。

图 6.12 "滚山坡"动画效果

素材位置：【\第 6 课\素材\天空.jpg】
源文件位置：【\第 6 课\源文件\制作"滚山坡"动画.fla】
操作思路：

（1）新建"刺猬"影片剪辑，制作表现刺猬翻滚的动画效果。

（2）将"图层 1"重命名为"天空"，将导入的"天空.jpg"图片素材放置到图层中。

（3）新建图层，将其重命名为"山坡"，在该图层中绘制表现山坡的渐变色图形。

（4）新建图层，将其重命名为"刺猬"，并新建引导层，然后利用"刺猬"影片剪辑制作引导动画。

操作步骤

本案例练习使用引导层制作引导动画，具体操作步骤如下：

（1）新建一个 Flash 空白文档，将其存储为"制作'滚山坡'动画.fla"。在【属性】面板中将场景尺寸设置为 600×300 像素，将背景色设置为白色。

（2）选择【文件】→【导入】→【导入到库】命令，将"天空.jpg"图片素材导入到库中。

（3）新建"刺猬"影片剪辑，在编辑场景中将"图层 1"重命名为"刺猬"，然后使用绘图工具在场景中绘制一个刺猬图形，如图 6.13 所示。

（4）在第 2 帧按【F6】键，插入关键帧，然后对第 2 帧中的图形形状进行细微调整（如图 6.14 所示），使刺猬产生向下滚的动画效果。

图 6.13 绘制刺猬图形

图 6.14 调整刺猬图形的形状

（5）在第 3 帧按【F7】键，插入空白关键帧，使用绘图工具在场景中绘制一个坐下的刺猬图形，如图 6.15 所示。

（6）在第 4 帧按【F7】键，插入空白关键帧，使用绘图工具在场景中绘制一个滚动的刺猬图形；然后，分别在第 5 帧、第 6 帧和第 7 帧按【F6】键，插入关键帧，旋转并调整图形（如图 6.16 所示），制作出表现刺猬滚动的动画效果。

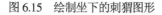

图 6.15 绘制坐下的刺猬图形

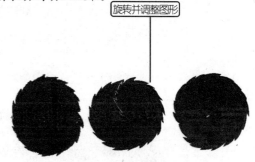

图 6.16 旋转并调整图形

（7）编辑完成后，单击【时间轴】面板左下角的 场景1 按钮，返回主场景。

（8）在主场景中将"图层 1"重命名为"天空"，从【库】面板中将"天空.jpg"图片素材拖动到场景中，调整其大小并放置到如图 6.17 所示的位置，然后在图层的第 100 帧插入普通帧。

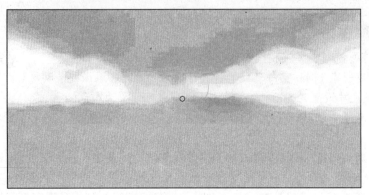

图 6.17　放置 "天空.jpg"

（9）新建图层，将其重命名为 "山坡"，使用绘图工具在场景中绘制山坡图形，并为图形填充绿色渐变色，如图 6.18 所示。

图 6.18　绘制山坡图形

（10）新建图层，将其重命名为 "刺猬"，从【库】面板中将 "刺猬" 影片剪辑拖动到场景右侧，并使用任意变形工具对影片剪辑的大小进行适当的调整，如图 6.19 所示。

图 6.19　放置并调整 "刺猬" 影片剪辑

（11）在图层区域中单击 按钮，在 "刺猬" 图层上方新建引导层，然后使用铅笔工具在场景中沿山坡的轮廓绘制作为路径的引导线，如图 6.20 所示。

图6.20 绘制引导线

（12）选中"刺猬"图层的第1帧，创建动画补间动画，将第1帧中的"刺猬"影片剪辑拖动到引导线上，使其吸附到引导线上，如图6.21所示。

图6.21 将影片剪辑吸附到引导线上

（13）在第20帧插入关键帧，将该帧中的"刺猬"影片剪辑向前拖动一段距离（如图6.22所示），制作出刺猬滚动前进的动画效果。

图6.22 拖动并调整影片剪辑

（14）在第30帧插入关键帧，将该帧中的"刺猬"影片剪辑向前拖动一段距离，然后对影片剪辑的角度进行适当旋转，制作出迅速向山坡下滚动的动画效果，如图6.23所示。

图 6.23　向前拖动影片剪辑

（15）在第 31 帧插入关键帧，并调整该帧中 "刺猬" 影片剪辑的位置和旋转角度，制作出刺猬滚下山坡并向上爬坡的动画效果，如图 6.24 所示。

图 6.24　制作刺猬向上爬坡的动画效果

（16）用同样的方法在第 50～100 帧之间插入相应的关键帧，并调整各关键帧中的 "刺猬" 影片剪辑的位置和旋转角度，制作出刺猬滚下所有山坡并移出场景的动画效果，如图 6.25 所示。

图 6.25　制作刺猬滚下山坡并移出场景的动画效果

（17）按【Ctrl+Enter】组合键测试动画，即可看到本案例所制作的 "滚山坡" 动画效果。

案例小结

本案例通过制作"滚山坡"动画练习了在 Flash CS3 中创建引导动画的基本方法。在本案例中，如果只是让"刺猬"影片剪辑沿引导线运动，那么只需在第 100 帧插入关键帧，然后分别调整第 1 帧和第 100 帧中影片剪辑的位置即可，但是将使用这种方式制作出来的引导动画效果整合到动画中，刺猬翻越山坡的效果将十分虚假（可以试试用这种方式制作，并与本案例的效果进行对比），因此本案例采用了插入多个关键帧并参照山坡图形对各关键帧中影片剪辑的位置和角度进行调整的方法来获得更加逼真的翻越效果（这种方式实际上就是在同一条引导线上创建多个相互关联的引导动画）。在制作类似的引导动画时，可采用这种方式进行处理，以获得更好的动画效果。

6.2　遮罩动画

通过为动画对象创建遮罩动画，可以在遮罩图形所创建的图形区域中显示动画对象；通过改变遮罩图形的大小和位置，即可对动画对象的显示范围进行控制。

6.2.1　知识讲解

在 Flash CS3 中，遮罩动画主要通过遮罩层来实现，下面就对遮罩层的基本概念、新建遮罩层以及利用遮罩层创建遮罩动画的方法进行讲解。

1. 遮罩层

遮罩层是 Flash CS3 中的一种特殊图层，如图 6.26 所示。在遮罩层中，用户可绘制任意形状的图形，然后在遮罩层与普通图层之间建立链接关系，使普通图层中的图形通过遮罩图层中绘制的图形显示出来（如图 6.27 所示），从而制作出以指定形状显示的遮罩动画。

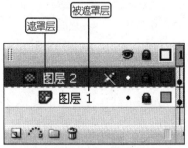

图 6.26　遮罩层和被遮罩层

图 6.27　遮罩效果

在 Flash CS3 中，创建遮罩层的常用方法主要有以下两种。

● **利用菜单创建**：在图层区域中用鼠标右键单击要作为遮罩层的图层，在弹出的快捷菜单中选择【遮罩层】命令（如图 6.28 所示），将当前图层转换为遮罩层。此时，该图层的图层图标变为▨（表示遮罩层），其下方图层的图层图标变为▨（表示被遮罩层），Flash CS3 自动在两图层之间建立链接关系并将其锁定，如图 6.29 所示。若需再次对图层进行编辑，则需要先将其解除锁定。

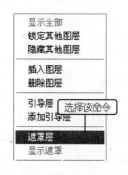

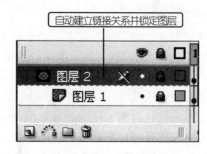

图 6.28　将普通图层转换为遮罩层　　　　　图 6.29　转换为遮罩层后自动建立链接关系

● **通过改变图层属性创建**：在图层区域中双击要转换为遮罩层的图层的图层图标 ，打开【图层属性】对话框，在【类型】栏中选中 遮罩层单选按钮，然后单击 确定 按钮（如图 6.30 所示），将图层转换为遮罩层。通过改变图层属性创建遮罩层后，Flash CS3 不会为其自动链接被遮罩层（如图 6.31 所示），此时还需要双击遮罩层下方图层的图层图标 ，在打开的【图层属性】对话框中选中 被遮罩单选按钮并单击 确定 按钮，将该图层转换为被遮罩层，并使其与遮罩层建立链接关系。

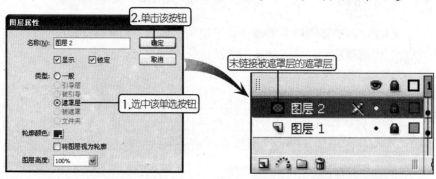

图 6.30　改变图层属性　　　　　　　　图 6.31　未链接被遮罩层的遮罩层

注意：在同一个遮罩层的下方，可以创建多个与该遮罩层链接的被遮罩层。

若要将建立的遮罩层重新转换为普通图层，最常用的方法有以下两种。

● **通过菜单转换**：用鼠标右键单击遮罩层，在弹出的快捷菜单中选择【遮罩层】命令，即可将遮罩层重新转换为普通图层。

● **通过改变图层属性转换**：双击遮罩层的图层图标 ，在打开的【图层属性】对话框的【类型】栏中选中 一般单选按钮，然后单击 确定 按钮。

2. 创建遮罩动画

在 Flash CS3 中，创建遮罩动画的具体操作步骤如下：

（1）在"图层 1"中放置要被遮罩的图片（或绘制图形），如图 6.32 所示，然后根据要创建的遮罩动画的长度在图层中的相应位置插入普通帧（如引导动画的长度为 50 帧，就在第 50 帧插入普通帧）。

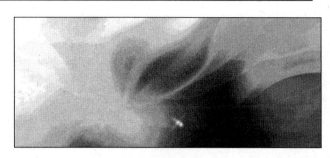

图 6.32　放置图片

（2）单击 🔲 按钮，在"图层 1"的上方新建"图层 2"，然后使用文本工具输入用于遮罩图形的文字（或绘制用于遮罩的图形），如图 6.33 所示。

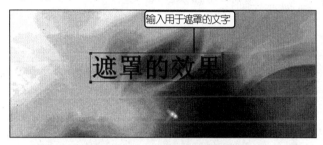

图 6.33　输入用于遮罩的文字

注意： 使用文字作为遮罩图形时，有时会出现无法正常遮罩的情况，此时只需按【Ctrl+B】组合键将用于遮罩的文字打散为矢量图即可。

（3）选中"图层 2"的第 1 帧，创建动画补间动画，然后在第 50 帧插入关键帧，并将第 50 帧中的文字向左拖动（如图 6.34 所示），制作出文字向左运动的动画补间动画效果。

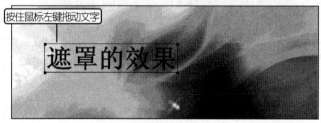

图 6.34　拖动文字

（4）在图层区域中用鼠标右键单击要作为遮罩层的"图层 2"，在弹出的快捷菜单中选择【遮罩层】命令，将"图层 2"转换为遮罩层，"图层 1"自动转换为被遮罩层，并与"图层 2"建立链接关系。"图层 1"中的图片被文字遮罩后的效果如图 6.35 所示。

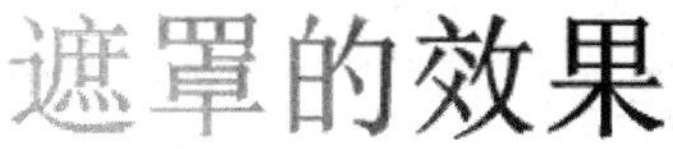

遮罩的效果

图 6.35　图片被文字遮罩后的效果

（5）至此，遮罩动画创建完成，其时间轴状态如图 6.36 所示。按【Ctrl+Enter】组合键，预览创建的遮罩动画效果。

图 6.36　创建遮罩动画后的时间轴状态

> **注意：** 除了在遮罩层中创建动画外，也可在被遮罩层中创建动画。另外，创建的动画类型也可以是逐帧动画和形状补间动画，可根据动画的实际情况灵活应用。

6.2.2　典型案例——制作"梦幻境地"动画

案例目标

本案例将通过"标志"图形元件和导入的图片素材创建一个利用标志遮罩图形的遮罩动画，制作出如图 6.37 所示的"梦幻境地"动画效果。

图 6.37　"梦幻境地"动画效果

素材位置：【\第 6 课\素材\梦幻\】

源文件位置：【\第 6 课\源文件\制作"梦幻境地"动画.fla】

操作思路：

（1）在"图片 1"图层中利用导入的"梦幻 1.jpg"图片素材制作图片翻转和变色的动画效果。

（2）新建图层，将其重命名为"移动方块"，并在该图层中制作白色方框旋转的动画补间动画。

（3）新建图层，将其重命名为"角色 1"，在该图层中利用制作的"标志"图形元件制作图形元件缩放的动画补间动画，然后将"角色 1"图层转换为遮罩层，使其遮罩下方的两个图层。

（4）用类似的方法新建"图片 2"图层和"角色 2"图层，并利用"梦幻 2.jpg"图片素材制作出类似的遮罩动画效果。

操作步骤

本案例利用遮罩层制作遮罩动画效果，具体操作步骤如下：

（1）新建 Flash 文档，在【属性】面板中将场景尺寸设置为 600×400 像素，将背景色设置为深灰色，然后选择【文件】→【保存】命令，将其存储为"制作'梦幻境地'动画.fla"。

（2）选择【文件】→【导入】→【导入到库】命令，将"梦幻 1.jpg"和"梦幻 2.jpg"图片素材导入到库中。

（3）新建"标志"图形元件，使用文本工具在编辑场景中输入"梦幻境地"文字，如图 6.38 所示。按【Ctrl+B】组合键，将文字打散为矢量图，然后使用绘图工具在文字的上方绘制椭圆和装饰条图形，如图 6.39 所示。

图 6.38　输入文字

图 6.39　绘制椭圆和装饰条图形

（4）使用绘图工具绘制如图 6.40 所示的标志图形，然后将图形放置到文字的上方，如图 6.41 所示。单击【时间轴】面板左下角的 场景1 按钮，返回主场景。

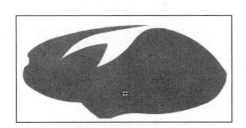

图 6.40　绘制标志图形

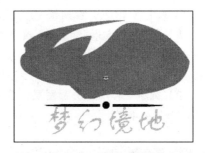

图 6.41　放置标志图形

（5）在主场景中将"图层 1"重命名为"图片 1"，然后从【库】面板中将"梦幻 1.jpg"图片素材拖动到场景中，并对其大小进行适当调整，如图 6.42 所示。

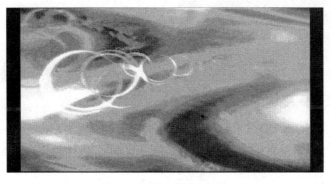

图 6.42　放置并调整图片

（6）选中第 1 帧，创建动画补间动画。在第 20 帧、第 25 帧、第 30 帧、第 35 帧和第 40 帧插入关键帧，然后对各关键帧中 "梦幻 1.jpg" 图片的大小和旋转角度进行适当调整，如图 6.43 所示。

（7）在第 45 帧插入关键帧，将第 20 帧中的 "梦幻 1.jpg" 图片复制到第 45 帧中，将第 45 帧分别复制到第 48 帧、第 50 帧、第 54 帧、第 56 帧、第 58 帧和第 61 帧中，然后分别调整各帧中 "梦幻 1.jpg" 图片的旋转角度，并在【属性】面板中将图片设置为半透明（Alpha 值可自行设定），如图 6.44 所示。

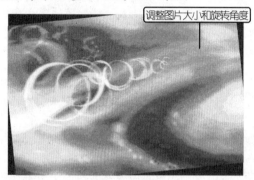
调整图片大小和旋转角度

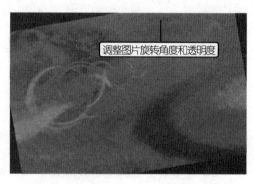
调整图片旋转角度和透明度

图 6.43　调整关键帧中的图片　　　　图 6.44　调整图片旋转角度和透明度

（8）选中第 48 帧，在该帧中绘制一个红色矩形，如图 6.45 所示。用同样的方法在第 50 帧、第 54 帧、第 56 帧和第 58 帧中绘制其他颜色的矩形。

（9）选中第 61 帧创建动画补间动画。在第 64 帧插入关键帧，然后将第 64 帧中的 "梦幻 1.jpg" 图片设置为完全透明，制作出图片淡出场景的动画效果。

（10）新建 "移动方块" 图层，在图层的第 64 帧插入空白关键帧，然后绘制一个白色矩形，如图 6.46 所示。

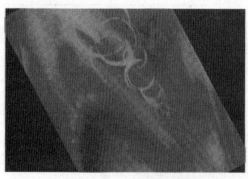

图 6.45　绘制红色矩形　　　　　　　图 6.46　绘制白色矩形

（11）选中第 64 帧，创建动画补间动画。在第 85 帧插入关键帧，然后选中第 64 帧，在【属性】面板中设置顺时针旋转 1 次，制作出白色矩形旋转的动画效果。

（12）新建 "角色 1" 图层，从【库】面板中将 "标志" 图形元件拖动到场景中，如图 6.47 所示。

（13）选中第 1 帧，创建动画补间动画。在第 69 帧和第 85 帧插入关键帧，然后将第 70 帧中的 "标志" 图形元件放大，并将第 85 帧中的 "标志" 图形元件缩小，制作出表现标志缓慢放大并快速缩小的动画效果。

（14）在图层区域中用鼠标右键单击 "角色 1" 图层，在弹出的快捷菜单中选择【遮罩层】命令，将 "角色 1" 图层转换为遮罩层，同时 "移动方块" 图层自动转换为被遮罩层，并与 "角色 1" 图层建立链接关系。

（15）双击 "图片 1" 图层的图层图标，在打开的【图层属性】对话框中选中 ⊙ 被遮罩 单选按钮并单击 确定 按钮，将该图层转换为被遮罩层，并使其与 "角色 1" 图层建立链接关系，如图 6.48 所示。

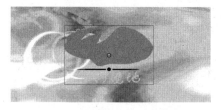

图 6.47　放置 "标志" 图形元件

图 6.48　将 "图片 1" 图层转换为被遮罩层

（16）新建图层，将其重命名为 "图片 2"，在第 86 帧插入空白关键帧，从【库】面板中将 "梦幻 2.jpg" 图片素材拖动到场景中，并调整其大小（如图 6.49 所示），然后在第 130 帧插入普通帧。

（17）在 "图片 2" 图层上方新建图层，将其重命名为 "角色 2"，在第 86 帧插入空白关键帧，将 "标志" 图形元件拖动到场景中并将其缩小，如图 6.50 所示。

图 6.49　放置 "梦幻 2.jpg" 图片素材

图 6.50　放置并缩小 "标志" 图形元件

（18）选中第 86 帧，创建动画补间动画。在第 110 帧插入关键帧，并将该帧中的 "标志" 图形元件放大，使其完全覆盖场景中的 "梦幻 2.jpg" 图片，然后在第 130 帧插入普通帧。

（19）在图层区域中用鼠标右键单击 "角色 2" 图层，在弹出的快捷菜单中选择【遮罩层】命令，将 "角色 2" 图层转换为遮罩层，同时 "图片 2" 图层自动转换为被遮罩层，并与 "角色 2" 图层建立链接关系。

（20）编辑完成后，按【Ctrl+Enter】组合键测试动画，即可看到本案例制作的 "梦幻境地" 动画效果，如图 6.37 所示。

案例小结

本案例通过制作"梦幻境地"动画练习了在 Flash CS3 中创建遮罩动画的基本方法。在制作遮罩动画时，通过在遮罩层和被遮罩层中同时创建动画并加大遮罩层和被遮罩层中图形的变化程度，可以使遮罩动画的视觉表现力更为突出（本案例中的"角色 1"和"角色 2"遮罩层以及"移动方块"和"图片 1"图层采用的就是这种方法）。

另外，本案例制作的遮罩动画效果主要通过为图形创建动画补间动画进行表现。除此之外，遮罩动画中还可应用逐帧动画和形状补间动画，读者可尝试利用这两种动画制作风格完全不同的遮罩动画，争取尽快掌握并熟练应用这种重要的动画类型。

6.3 滤镜动画

滤镜动画是 Flash CS3 中新增的一种动画形式，和引导动画与遮罩动画不同，滤镜动画并不是一种特殊的动画类型，而是通过为创建的动画添加指定的滤镜所获得的一种特殊动画效果。

6.3.1 知识讲解

在 Flash CS3 中，滤镜动画主要通过为动画中的文本、影片剪辑或按钮对象添加指定的滤镜效果来实现，下面就对滤镜的基本概念、添加滤镜以及制作滤镜动画的基本方法进行讲解。

1. 滤镜概述

滤镜是 Flash CS3 的新增功能，Flash CS3 中的滤镜可以为文本、按钮和影片剪辑添加特殊的视觉效果（如投影、模糊、发光和斜角等效果），如图 6.51 和图 6.52 所示。在之前的 Flash 版本中，因为没有滤镜功能，所以在要表现图形逐渐模糊、图形渐变发光以及阴影等效果时，通常需要利用多幅连续的图片素材或通过制作专门的元件来实现。利用这种方式制作，不但增加了制作的难度，同时也会增加 Flash 动画文件的大小；而在 Flash CS3 中，只需为图形添加相应的滤镜，就可以制作出这类特殊的视觉效果。

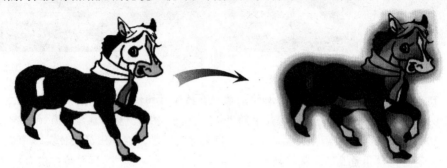

图 6.51　未添加滤镜的影片剪辑　　　　图 6.52　为影片剪辑添加发光滤镜后的效果

2. 滤镜的添加方法

在 Flash CS3 中，为文本、影片剪辑或按钮对象添加滤镜的具体操作步骤如下：

（1）在场景中选择要添加滤镜的文本（也可以是影片剪辑或按钮）。

（2）单击【滤镜】选项卡，出现如图6.53所示的面板。

图6.53 打开【滤镜】面板

（3）在【滤镜】面板中单击 ➕ 按钮，在弹出的菜单中选择【发光】命令（如图6.54所示），为文字添加发光滤镜效果，【滤镜】面板中将出现滤镜的相关参数，如图6.55所示。

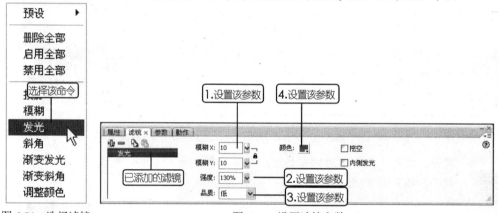

图6.54 选择滤镜　　　　　　　　图6.55 设置滤镜参数

（4）在【滤镜】面板中对发光滤镜的模糊、强度、品质以及颜色等参数进行适当设置。设置参数的同时，在场景中可预览文本添加滤镜后的效果，如图6.56所示。

Adobe Flash CS3 Professional

图6.56 文本添加滤镜后的效果

（5）设置完成后，在场景中单击鼠标左键，即可完成滤镜的添加操作。

> **技巧：** 可以通过单击 ➕ 按钮为同一个对象添加多个滤镜效果，所添加的滤镜效果将在【滤镜】面板左侧的列表框中列出。若要删除不需要的滤镜，只需在列表框中选中该滤镜，然后单击 ➖ 按钮即可。

Flash CS3中主要有投影、模糊、发光、斜角、渐变发光、渐变斜角和调整颜色7种滤镜，各滤镜的具体功能、参数和效果如下。

● **投影**：使用投影滤镜可模拟对象向一个表面投影的效果。投影滤镜对应的参数和效果如图 6.57 和图 6.58 所示。

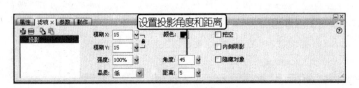

图 6.57 投影滤镜对应的参数   图 6.58 投影滤镜的效果

● **模糊**：模糊滤镜可以柔化对象的边缘和细节，制作出对象模糊的效果。模糊滤镜对应的参数和效果如图 6.59 和图 6.60 所示。

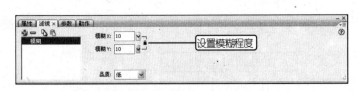

图 6.59 模糊滤镜对应的参数   图 6.60 模糊滤镜的效果

● **发光**：发光滤镜可以为对象的整个边缘应用指定的颜色。发光滤镜对应的参数和效果如图 6.61 和图 6.62 所示。

图 6.61 发光滤镜对应的参数   图 6.62 发光滤镜的效果

● **斜角**：斜角滤镜可以为对象应用加亮效果；通过创建内斜角、外斜角或者完全斜角，可以使对象呈现凸出于背景表面的立体效果。斜角滤镜对应的参数和效果如图 6.63 和图 6.64 所示。

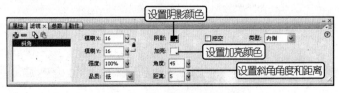

图 6.63 斜角滤镜对应的参数   图 6.64 斜角滤镜的效果

● **渐变发光**：渐变发光滤镜可以为对象添加发光效果，并在发光表面产生带渐变颜

色的效果。渐变发光滤镜需要用户设定渐变开始的颜色。渐变发光滤镜对应的参数和效果如图 6.65 和图 6.66 所示。

设置发光角度和距离

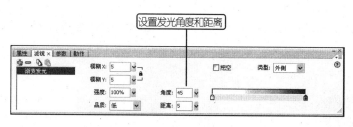

图 6.65　渐变发光滤镜对应的参数　　　　图 6.66　渐变发光滤镜的效果

● **渐变斜角：** 渐变斜角滤镜可以产生一种凸起效果，使对象看起来好像从背景上凸起，并在斜角表面应用渐变颜色。渐变斜角滤镜需要用户设定一个渐变中间色。渐变斜角滤镜对应的参数和效果如图 6.67 和图 6.68 所示。

设置斜角角度和距离　　设置渐变中间色

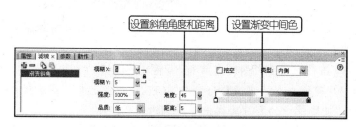

图 6.67　渐变斜角滤镜对应的参数　　　　图 6.68　渐变斜角滤镜的效果

● **调整颜色：** 调整颜色滤镜可以调整所选影片剪辑、按钮或者文本对象的亮度、对比度、色相和饱和度，从而获得特定的色彩效果。调整颜色滤镜对应的参数和效果如图 6.69 和图 6.70 所示。

设置颜色参数

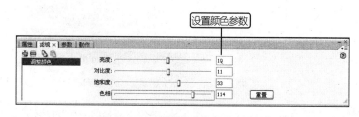

图 6.69　调整颜色滤镜对应的参数　　　　图 6.70　调整颜色滤镜的效果

注意： 应用于对象的滤镜类型、数量和质量会影响 SWF 动画文件的播放性能，对象应用的滤镜越多，Adobe Flash Player 要处理的计算量也就越大。因此，对于同一个对象，建议用户最好只应用有限数量的滤镜。除此之外，用户也可通过调整所应用滤镜的强度和品质等参数来减少其计算量，从而在性能较低的电脑上获得较好的播放效果。

3. 制作滤镜动画

在 Flash CS3 中，利用滤镜功能制作滤镜动画的具体操作步骤如下：

（1）将要制作滤镜动画的影片剪辑放置到场景中，如图 6.71 所示。

（2）选中影片剪辑，打开【滤镜】面板，单击 ➕ 按钮，在弹出的菜单中选择【模糊】命令，添加模糊滤镜，然后将模糊滤镜的模糊参数设置为"0"，将品质设置为"中"，如图 6.72 所示。

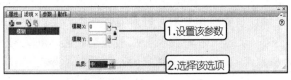

图 6.71　放置影片剪辑　　　　　　　　图 6.72　设置模糊滤镜的参数

（3）再次单击 ➕ 按钮，在弹出的菜单中选择【调整颜色】命令，为影片剪辑添加调整颜色滤镜，并保持其默认设置。

（4）选中第 1 帧，创建动画补间动画，然后在第 60 帧插入关键帧。

（5）选中第 60 帧中的影片剪辑，在【滤镜】面板左侧的列表框中选中模糊滤镜，然后将其模糊参数设置为"10"，使场景中的影片剪辑出现模糊的效果。

（6）在【滤镜】面板左侧的列表框中选中调整颜色滤镜，然后对亮度、对比度、饱和度和色相参数进行设置（如图 6.73 所示），使场景中的影片剪辑出现颜色变化的效果，如图 6.74 所示。

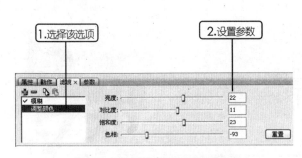

图 6.73　设置调整颜色滤镜的参数　　　　图 6.74　调整参数后的影片剪辑效果

（7）按【Ctrl+Enter】组合键测试动画，即可看到影片剪辑逐渐模糊并变色的滤镜效果。

> **注意：** 利用逐帧动画和动画补间动画都可以创建滤镜动画。由于形状补间动画只能为未组合的矢量图创建动画，无法为其添加滤镜效果，因此利用形状补间动画无法创建滤镜动画。

6.3.2　典型案例——制作"蓝天白云"动画

案例目标

　　本案例将通过为导入的图片素材创建相应的动画补间动画并为动画添加相应的滤镜效果制作如图 6.75 所示的"蓝天白云"滤镜动画。通过本案例，读者应掌握在 Flash CS3 中为动画对象添加滤镜的基本操作及制作滤镜动画的方法。

图 6.75　"蓝天白云"动画效果

　　素材位置：【\第 6 课\素材\天空\】

　　源文件位置：【\第 6 课\源文件\制作"蓝天白云"动画.fla】

　　操作思路：

　　（1）将图片素材导入到库中，并创建表现光环闪烁的"闪光"影片剪辑，然后在"天空"图层中利用"天空.bmp"图片创建天空。

　　（2）新建图层，将其重命名为"运动云层"，利用"云.bmp"图片素材制作云向右移动的动画补间动画，并为其添加斜角滤镜效果。

　　（3）利用"草地.gif"、发光滤镜和调整颜色滤镜制作表现草地逐渐变色的滤镜动画效果。

　　（4）新建图层，将其重命名为"闪光"，将"闪光"影片剪辑放置到该图层中，复制两个并添加投影滤镜效果。

操作步骤

　　本案例主要利用各种滤镜制作滤镜动画效果，具体操作步骤如下：

　　（1）新建 Flash 文档，在【属性】面板中将场景尺寸设置为 500×300 像素，将背景色设置为白色，然后选择【文件】→【保存】命令，将其存储为"制作'蓝天白云'动画.fla"。

　　（2）选择【文件】→【导入】→【导入到库】命令，将"天空.bmp"、"云.bmp"和"草地.gif"图片素材导入到库中。

　　（3）新建"闪光"影片剪辑元件，将"图层 1"重命名为"光环"，然后在编辑场景中绘制一个白色渐变圆形（如图 6.76 所示），并按【F8】键将其转换为元件。

（4）新建图层，将其重命名为"光 1"，在该图层中绘制一个白色渐变光线图形，如图 6.77 所示。新建 3 个图层，分别将其重命名为"光 2"、"光 3"和"光 4"，并分别绘制白色渐变光线图形，然后分别将图形放置到光环圆形的上方，如图 6.78 所示。

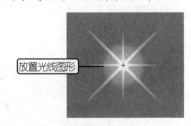
放置光线图形

| 图 6.76 绘制圆形 | 图 6.77 绘制光线 | 图 6.78 放置光线图形 |

（5）选中"光环"图层的第 1 帧，创建动画补间动画；在第 8 帧插入关键帧，将圆形放大，使圆形出现变大的效果。然后，在第 12 帧插入关键帧，创建动画补间动画；在第 20 帧插入关键帧，并把圆形适当旋转，使圆形出现旋转的动画效果。编辑完成后，单击 场景 1 按钮，返回主场景。

（6）在主场景中将"图层 1"重命名为"天空"，从【库】面板中将"天空.bmp"图片素材拖动到场景中，对图片大小和宽度进行适当的调整（如图 6.79 所示），并在第 200 帧插入普通帧。

图 6.79 放置并调整"天空.bmp"

（7）新建图层，将其重命名为"运动云层"，从【库】面板中将"云.bmp"图片素材拖动到场景中，对图片大小和宽度进行适当的调整，然后复制 3 个云层，并将 4 个元件排列组合放置到如图 6.80 所示的位置。

调整图片大小和宽度

图 6.80 放置并调整元件

（8）选中第 1 帧，创建动画补间动画。选中第 1 帧中的元件，在【属性】面板中将

其设置为"影片剪辑"（如图 6.81 所示），并将其透明度设置为"90%"。

（9）打开【滤镜】面板，单击 ✚ 按钮，在弹出的菜单中选择【斜角】命令，添加斜角滤镜，然后对斜角滤镜的参数进行如图 6.82 所示的设置，使图片出现边缘模糊的立体效果。

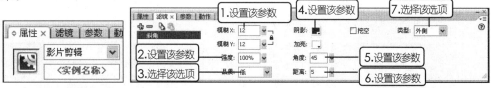

图 6.81　设置属性　　　　　　　　　　图 6.82　设置斜角滤镜的参数

> **说明：**将云层元件的属性设置为"影片剪辑"的目的是为该图片添加滤镜效果。如果不设置该属性，就无法为其添加滤镜效果。

（10）在"运动云层"图层的第 200 帧插入关键帧，然后将该帧中的云层影片剪辑向右拖动，如图 6.83 所示，制作出表现云朵向右移动的动画效果。

（11）新建图层，将其重命名为"草地"，从【库】面板中将"草地.gif"图片素材拖动到场景中，对图片大小进行适当的调整，并将其放置到场景的下方，如图 6.84 所示。

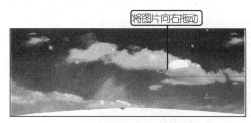

图 6.83　拖动"云.bmp"　　　　　　　图 6.84　放置并调整"草地.gif"

（12）选中第 1 帧，创建动画补间动画，选中第 1 帧中的"草地.gif"图片，在【属性】面板中将其设置为"影片剪辑"。

（13）打开【滤镜】面板，单击 ✚ 按钮，在弹出的菜单中选择【调整颜色】命令，然后对调整颜色滤镜的参数进行如图 6.85 所示的设置。

（14）调整滤镜的参数后，可看到场景中草地的色调变为翠绿色，如图 6.86 所示。

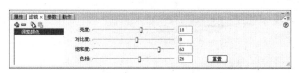

图 6.85　设置调整颜色滤镜的参数　　　　图 6.86　添加滤镜后的效果

（15）在"草地"图层的第 200 帧插入关键帧，选中该帧中的草地，并在【滤镜】面板左侧的列表框中选中调整颜色滤镜，然后对亮度、对比度、饱和度和色相参数进行调整，如图 6.87 所示。

（16）调整滤镜的参数后，即可将第 200 帧中草地的色调变为黄褐色（如图 6.88 所示），制作出草地逐渐变色的动画效果。

图 6.87 调整第 200 帧中图片的滤镜参数   图 6.88 调整滤镜参数后的效果

> **说明：** 如果在第 1～200 帧之间插入关键帧，并调整各关键帧中草地的滤镜参数，则可制作出更加多变的变色效果。

（17）新建图层，将其重命名为"闪光"，然后从【库】面板中将"闪光"影片剪辑拖动到场景中，然后将其缩小并放置到场景中如图 6.89 所示的位置。

图 6.89 放置并调整"闪光"影片剪辑

（18）选中"闪光"影片剪辑，打开的【滤镜】面板，单击➕按钮，在弹出的菜单中选择【投影】命令，然后对投影滤镜的参数进行如图 6.90 所示的设置。

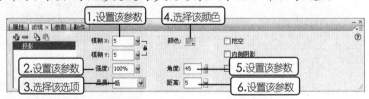

图 6.90 设置投影滤镜的参数

（19）添加滤镜并设置滤镜参数后，即可为"闪光"影片剪辑添加阴影效果，使其在场景中更加突出，如图 6.91 所示。

图 6.91 添加投影滤镜后的效果

（20）选中"闪光"影片剪辑，将其复制两个，然后分别对复制的影片剪辑的大小进行调整，并对其进行如图 6.92 所示的排列。

图 6.92 复制并排列"闪光"影片剪辑

（21）编辑完成后，按【Ctrl+Enter】组合键测试动画，即可看到本案例制作的"蓝天白云"滤镜动画效果。

案例小结

本案例通过制作"蓝天白云"动画练习了在 Flash CS3 中为动画对象添加滤镜效果并制作滤镜动画的基本方法。在实际操作过程中，读者不用完全按照本案例添加的滤镜种类和参数进行制作，可结合自己计算机的实际性能增减本案例中添加的滤镜种类和数量，并对滤镜的品质进行调整。通过这种方式，对本案例中没有应用的滤镜效果进行练习，并通过将不同的滤镜进行对比和组合了解各种滤镜的特点和差异，以掌握并熟练应用这些滤镜效果，为以后的动画制作打下基础。

6.4 上机练习

在学习完本课知识点并通过实例演练相关的操作方法后，相信读者已经熟练掌握了制作引导动画、遮罩动画以及滤镜动画的基本方法，下面通过 3 个上机练习再次巩固本课所学内容。

6.4.1 制作"水中气泡"动画

本练习将利用引导动画制作表现水中气泡向上浮的"水中气泡"动画，如图 6.93 所示。本练习主要练习在影片剪辑中制作引导动画并将影片剪辑应用到场景中的基本方法。

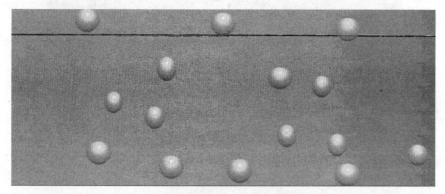

图 6.93 "水中气泡"动画效果

素材位置：【\第 6 课\素材\水.jpg】
源文件位置：【\第 6 课\源文件\制作"水中气泡"动画.fla】
操作思路：

- 将文档的场景尺寸设置为 550×200 像素，将背景颜色设置为白色。
- 在"背景"图层中将导入的"水.jpg"图片素材放置到场景中。
- 新建"气泡"影片剪辑，然后利用"气泡"影片剪辑分别制作"图层 1"和"图层 2"影片剪辑，并在这两个影片剪辑中创建相应的引导动画。
- 新建图层，将其重命名为"气泡"，然后将"气泡"影片剪辑放置到该图层中，将其复制多个并调整各影片剪辑的位置和大小。

6.4.2 制作"下雨"动画

本练习将利用遮罩动画和导入的"下雨.jpg"图片素材制作一个表现阴雨连绵的"下雨"动画，如图 6.94 所示。本练习主要练习创建遮罩动画以及将影片剪辑元件作为遮罩层对下方图形进行遮罩的方法。

素材位置：【\第 6 课\素材\下雨.jpg】
源文件位置：【\第 6 课\源文件\制作"下雨"动画.fla】
操作思路：

- 将文档的场景尺寸设置为 360×420 像素，将背景颜色设置为白色。
- 新建"运动"影片剪辑元件，在该元件中制作表现雨水运动的动画补间动画。

图 6.94　"下雨"动画效果

● 将"图层 1"重命名为"下雨 1"，将"下雨.jpg"图片素材放置到该图层中。

● 新建图层，将其重命名为"下雨 2"，将"下雨.jpg"图片素材放置到该图层中，并使其位置与"下雨 1"图层中图片的位置有稍许差异。按【Ctrl+B】组合键，将图片打散，然后将图片中表现伞的图片部分删除。

● 新建图层，将其重命名为"运动"，将"运动"影片剪辑放置到该图层中，然后将"运动"图层转换为遮罩层。

6.4.3　制作"夜幕降临"动画

本练习将利用滤镜动画制作表现白天到黑夜变化的"夜幕降临"动画，如图 6.95 所示。本练习主要练习在影片剪辑中制作滤镜动画并将影片剪辑应用到场景中的基本方法。

图 6.95　"夜幕降临"动画效果

素材位置：【\第 6 课\素材\草原.png】

源文件位置：【\第6课\源文件\制作"夜幕降临"动画.fla】

操作思路：

● 将文档的场景尺寸设置为 550×300 像素，将背景颜色设置为白色。

● 新建"天空"图层，绘制一个和场景大小相同的白色矩形，并创建表现白天变黑夜的滤镜动画。

● 新建"草原"图层，将导入的"草原.png"图片素材放置到场景中，并创建表现草原变暗的滤镜动画。

● 新建"太阳"和"月亮"影片剪辑，并在这两个影片剪辑中创建相应的动画。

6.5 疑 难 解 答

问： 在创建引导动画之后，动画对象为什么没有按照引导层中的引导线运动？

答： 这种情况通常由两个原因造成：第一个原因是绘制的引导线出现了问题，此时应仔细检查绘制的引导线是否出现了中断、交叉、转折过多等情况，建议将场景的显示比例放大之后再进行检查。如发现这类问题，可通过调整引导线的形状、连接中断的线条以及重新绘制引导线的方法解决。第二个原因是动画对象并没有吸附到引导线上，此时可在场景中单击鼠标右键，在弹出的快捷菜单中选择【贴紧】→【贴紧到对象】命令，开启自动贴紧功能，然后再将动画对象拖动到引导线上方，动画对象将自动吸附到引导线上。

问： 在 Flash CS3 中，不能为形状补间动画添加滤镜效果，但是如果要对类似的形状变化动画应用滤镜效果，应该如何处理？

答： 在 Flash CS3 中，之所以不能为形状补间动画添加滤镜效果，是因为滤镜效果只能添加到文本、按钮和影片剪辑中，而利用这 3 种类型的元件无法创建形状补间动画，因此滤镜效果不能直接添加到形状补间动画中。若要为形状补间动画添加滤镜，可先新建一个影片剪辑，在该影片剪辑中创建相应的形状补间动画，然后返回主场景并将该影片剪辑应用到场景中，这样就可为其添加所需的滤镜效果，即通过将形状补间动画转换为影片剪辑的方法间接地为其添加滤镜效果。

6.6 课 后 练 习

1. 选择题

（1）当引导层的图层图标为 ✎ 时，表示（   ）。

    A. 引导层创建失败   B. 引导层未建立链接

    C. 引导层链接了多个图层   D. 引导层中的引导线存在错误

（2）若要将遮罩层转换为普通图层，可（   ）。

    A. 通过菜单转换   B. 通过改变图层属性转换

    C. 通过删除图层转换   D. 通过删除遮罩图形转换

（3）在 Flash CS3 中，滤镜只能添加到（　　）中。

    A．按钮元件　　　　　　　　　　　B．图形元件

    C．文本　　　　　　　　　　　　　D．影片剪辑

（4）若要使对象产生凸起效果，并在其斜角表面应用渐变颜色，应为其添加（　　）。

    A．模糊滤镜　　　　　　　　　　　B．斜角滤镜

    C．渐变发光滤镜　　　　　　　　　D．渐变斜角滤镜

2．问答题

（1）引导层的作用是什么？创建引导层的方法有哪些？

（2）简述创建遮罩动画的基本方法。

（3）简述制作滤镜动画的基本方法。

3．上机题

（1）运用本课所学知识，利用引导动画制作如图 6.96 所示的"月下流萤"动画。

图 6.96　"月下流萤"动画效果

素材位置：【\第 6 课\素材\月下.bmp】

源文件位置：【\第 6 课\源文件\制作"月下流萤"动画.fla】

提示：制作过程中应注意以下几点。

● 文档的场景尺寸为 550×260 像素，背景颜色为白色。

● 在"背景"图层中将导入的"月下.bmp"图片素材放置到场景中。

● 新建表现萤火闪烁的"萤火"影片剪辑，然后利用"萤火"影片剪辑分别制作"萤火飞"和"萤火飞 2"影片剪辑，并在这两个影片剪辑中创建相应的引导动画。

● 新建"流萤"图层，将"萤火飞"和"萤火飞 2"影片剪辑放置到该图层中，然后将其复制多个并调整各影片剪辑的位置和大小。

（2）运用本课所学知识，为导入的图片素材添加滤镜效果，然后通过为图片创建遮罩动画制作如图 6.97 所示的"幻想"动画。

    素材位置：【\第 6 课\素材\幻想.jpg】

    源文件位置：【\第 6 课\源文件\制作"幻想"动画.fla】

    提示：制作过程中应注意以下几点。

● 动画场景尺寸为 250×350 像素，背景色为白色。

● 将"图层 1"重命名为"模糊"，将导入的"幻想.jpg"图片素材放置到场景中，

将其转换为"模糊1"影片剪辑元件，然后为图片添加模糊滤镜和调整颜色滤镜。

● 新建图层，将其重命名为"明亮"，将"幻想.jpg"图片素材放置到该图层中。

● 新建图层，将其重命名为"遮罩"，在该图层中绘制表现手的图形，并创建图形向下移动的动画补间动画，然后将"遮罩"图层转换为遮罩层。

（3）运用本课所学知识，利用遮罩动画制作如图6.98所示的"写字"动画。

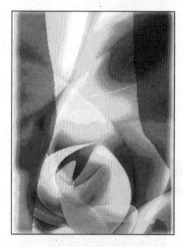

图 6.97 "幻想"动画效果

图 6.98 "写字"动画效果

素材位置：【\第6课\素材\】

源文件位置：【\第6课\源文件\制作"写字"动画.fla】

提示：制作过程中应注意以下几点。

● 动画场景尺寸为 300×300 像素，背景色为白色。

● 将"图层1"重命名为"田字格"，用工具绘制田字格作为背景。

● 新建"文字1"图层和"文字1"遮罩图层，在这两个图层中创建表现文字逐渐显示的遮罩动画。

● 用同样的方法分别新建图层和遮罩图层，并创建表现文字逐渐显示的遮罩动画。

第7课

ActionScript 脚本应用基础

本课导读

在 Flash CS3 中，通过为按钮、影片剪辑和帧添加相应的 ActionScript 脚本，对动画的播放流程以及动画中的元件进行控制，可以制作出各类精美的动画特效，并使指定的元件以及动画实现特定的交互功能。

- ActionScript 脚本的基本概念：ActionScript 脚本的作用、基本语法、变量、函数以及表达式。
- 添加 ActionScript 脚本：为帧、影片剪辑和按钮添加 ActionScript 脚本的操作方法。
- 场景/帧控制语句：对场景的切换、动画的播放和停止以及帧的跳转进行控制。

7.1 ActionScript 脚本概述

ActionScript 脚本作为实现交互功能的核心，其作用变得日益重要。无论利用 Flash 制作交互游戏还是简单的动画作品，通常都要涉及到 ActionScript 脚本的应用。而在学习 Flash 的过程中，ActionScript 脚本也是初学者应重点掌握的内容。在本课中，就将对 ActionScript 脚本的基本概念和语法等基础知识进行介绍，并对 Flash 动画中最常用的场景/帧控制语句的相关知识进行讲解。

7.1.1 知识讲解

ActionScript 脚本是 Flash 中特有的一种动作脚本语言，在 Flash 动画中，通过为按钮、影片剪辑或帧添加特定的脚本或使用 ActionScript 脚本编制特定的程序，可以使 Flash 动画呈现特殊的效果或实现特定的交互功能。在 Flash CS3 中，ActionScript 的版本为 3.0（即 ActionScript 3.0），该版本在 2.0 的基础上做了很大的改进，除了支持更多的功能外，在执行效率方面也有所增强。ActionScript 3.0 是在 Flash 被 Adobe 公司收购后在 Flash CS3（9.0）中推出的最新版本，它有一个全新的虚拟机，在回放时执行 ActionScript 的底层软件。ActionScript 1.0 和 2.0 都使用 AVM1（ActionScript 虚拟机 1），因此它们在需要回放时本质上是相同的，虽然 ActionScript 2.0 增加了强制变量类型和新的类语法，但它在最终编译时实际上变成了 ActionScript 1.0；而 ActionScript 3.0 运行在 AVM2（一种新的专门针对 ActionScript 3.0 代码的虚拟机）上。基于上面的原因，ActionScript 3.0 动画不能直接与 ActionScript 1.0 和 ActionScript 2.0 动画通信（ActionScript 1.0 和 ActionScript 2.0 的动画可以直接通信，因为它们使用的是相同的虚拟机）。

1．ActionScript 脚本的基本语法

要学习和使用 ActionScript 脚本，首先就需要了解 ActionScript 脚本的语法规则。在 Flash CS3 中，ActionScript 脚本的基本语法如下。

1）点语法

在 ActionScript 脚本中，点运算符（.）用来访问对象的属性和方法，下面的代码便使用了点语法来引用 myDot 对象：

```
e=new MyExample( );
myDot.prop1="Hurricane";
myDot.method1( );
//用点语法创建的实例名来访问 prop1 属性和 method1( )方法
```

2）字面值

字面值是直接出现在代码中的值，它还可以组合起来构成复合字面值。例如，null，undefined，true，false，16 和 12 等都是字面值。

注意：字面值可以用来初始化通用对象，有兴趣的读者可参考相关帮助文档。

3）分号

分号（;）一般用于终止语句。如果在编写程序时省略了分号，则编译器将假设每一行代码代表一条语句。大部分程序员都习惯使用分号来表示语句结束，因此，初学者应养成使用分号来终止语句的良好习惯，这样编写出来的代码不易出错。

4）小括号

在 ActionScript 3.0 中，小括号的使用主要有 3 种方式，下面分别进行讲解。

● 方式 1

使用小括号来更改表达式中的运算顺序，组合到小括号中的运算总是最先得到执行。例如：

```
trace(2 + 3 * 4);                //计算结果是 14
trace( (2 + 3) * 4);             //计算结果是 20
```

● 方式 2

结合使用小括号和逗号运算符（,）来计算一系列表达式并返回最后一个表达式的结果。例如：

```
var a:int=2;
var b:int=3;
trace((a++, b++, a+b));          //计算结果是 7
```

● 方式 3

使用小括号来向函数或方法传递一个或多个参数，例如"trace("Hi");"，此示例向 trace( ) 函数传递一个字符串值，在输出面板中显示"Hi"。

5）大小写字母

ActionScript 3.0 是一种区分大小写的语言，只是大小写不同的标识符会被视为不同的标识符。例如，下面的代码创建两个不同的变量：

```
var num1:int;
var Num1:int;
```

6）注释

ActionScript 3.0 代码支持两种类型的注释：单行注释和多行注释。

● 单行注释以两个正斜杠字符（//）开头并持续到该行的末尾。例如：

```
var someNumber:Number = 3;       //单行注释
```

● 多行注释以一个正斜杠和一个星号（/*）开头，以一个星号和一个正斜杠（*/）结尾。例如：

```
/* 这是一个可以跨
多行代码的多行注释。*/
```

7）关键字和保留字

保留字是一些单词，这些单词是保留给 ActionScript 使用的，所以不能在代码中将它们用做标识符。保留字包括词汇关键字，编译器将词汇关键字从程序的命名空间中删除。如

果用户将词汇关键字用做标识符，编译器则会报告一个错误。图 7.1 所示的表格中列出了 ActionScript 3.0 中的词汇关键字。

as	break	case	catch	false	class	const	continue
default	delete	do	else	extends	false	finally	for
function	if	implements	import	in	instanceof	interface	internal
is	native	new	null	package	private	protected	public
return	super	switch	this	throw	to	true	try
typeof	use	var	void	while	with		

图 7.1 词汇关键字

> **注意**：在 ActionScript 脚本中，注释内容以灰色显示，其长度不受限制，也不会参与脚本的执行。

2. 变量

在 ActionScript 脚本中，变量主要用来存储数值、字符串、对象、逻辑值及动画片段等信息。一个变量由变量名和变量值组成，变量名用于区分不同的变量，而变量值用于确定变量的类型和内容。变量名可以是一个字母，也可以是由一个单词或几个单词构成的字符串。在 Flash CS3 中，为变量命名时必须注意以下几点：

- 变量名中不能有空格和特殊符号，但可以使用数字。
- 变量名不能是关键字或逻辑变量。
- 变量名在它作用的范围中必须是唯一的，即不能在同一范围内为两个变量指定同一变量名。
- 变量名通常以小写字母或下划线开头，当出现一个新单词时，新单词的第一个字母小写，如 youName 就是一个变量名。

1）变量的类型

变量可以存储不同类型的值，在使用变量之前必须先指定变量存储的数据类型，因为数据类型将对变量的值产生影响。在 Flash CS3 中，变量的类型主要有以下几种。

- **逻辑变量**：用于判断指定的条件是否成立，它包括 true（真）和 false（假）两个值，true 表示条件成立，false 表示条件不成立，如 val myLive=true。
- **数值型变量**：用于存储特定的数值，如 val myx=100。
- **字符串变量**：用于存储特定的文本信息，如 val myName="李四"。
- **对象型变量**：用于存储对象型的数据，如 val mySound=newSound( )。
- **电影片段型变量**：用于存储电影片段类型的数据。
- **未定义型变量**：当一个变量没有被赋予任何值的时候，即为未定义型变量。

2）变量的作用域

变量的作用域是指变量能够被识别和应用的区域。根据变量的作用域，可以将变量分为全局变量和局部变量。全局变量是指在代码的所有区域中定义的变量，而局部变量是指仅在代码的某个部分定义的变量，下面分别进行讲解。

全局变量在函数定义的内部和外部均可用。例如：

```
var bx:String = "China";
function scopeTest( )
{
    trace(bx);
}                    // "bx" 是在函数外部声明的全局变量
```

在函数内部声明的局部变量仅存在于该函数中，例如：

```
function localScope( )
{
    var bx1:String ="Chinese";
}                    // "bx1" 是在函数内部声明的局部变量
```

3. 函数

函数是执行特定任务并可以在程序中重用的代码块。ActionScript 3.0 中有两类函数：方法和函数闭包。

将函数称为方法还是函数闭包取决于定义函数的上下文。如果用户将函数定义为类定义的一部分或者将它附加到对象的实例，则该函数称为方法；如果用户以其他任何方式定义函数，则该函数称为函数闭包。

函数在 ActionScript 中始终扮演着极为重要的角色，如果想充分利用 ActionScript 3.0 所提供的功能，就需要较为深入地了解函数。Flash CS3 中的函数主要分为以下几种类型。

● 系统函数

系统函数是 ActionScript 3.0 中已定义好的函数，用户不能改变，但可以直接调用。例如：

```
trace("输出完成！ ");              //测试动画时，在输出面板中显示"输出完成！"
var randNum:Number=Math.random( );
//Math.random( )函数表示生成一个随机数，然后赋值给 randNum 变量。
```

说明： 如果调用的函数没有参数，则必须带一对空的小括号。

● 自定义函数

自定义函数由用户根据需要自行定义。自定义函数后，用户就可以对定义的函数进行调用。

在 Flash CS3 中，使用 function 语句就可以对函数进行定义，其语法格式如下：

```
//格式之一
function functionname([parameter0, parameter1,…parameterN]){
    statement(s);
}
//格式之二
function([parameter( ), parameter1,…parameterN]){
    statement(s);
}
```

其中，functionname 表示新函数的名称；parameter 是一个标识符，表示要传递给函数

的参数；statement(s)表示用于定义函数的动作脚本。

例如，下面的脚本就定义了一个名为 pinfan 的函数，该函数拥有一个参数 ax，其作用是返回 ax 乘以 25 的值。

```
function pinfan(ax){              //定义名为 pinfan 的函数，参数为 ax
    return ax*25                  //返回 ax*25 的值
}
```

定义函数后，若要调用该函数，还需将函数所需的参数传递给函数，函数将使用获得的参数取代函数定义中的参数，并返回相应的值。

例如，根据上面的函数，设 ax 为 100，作为参数传递给 pinfan 函数。此时，该函数就将返回 100 乘以 25 的值，即 2500。

```
pinfan(100);                      //调用函数，执行函数后返回值 2500
```

4．运算符与表达式

在 Flash CS3 中，表达式是用于为变量赋值的短语，而运算符通过与表达式配合使用对表达式中的内容进行数值、字符或逻辑方面的运算。Flash CS3 中的表达式包括数值表达式、字符串表达式以及逻辑表达式 3 种。

- **数值表达式和运算符**：数值表达式用于为变量赋予数值，主要由数字、数值型变量和算术运算符组成（如 15+35*4），其运算符包括：+、−、*（乘）、/（除）、<>、<=、>=、=。数值表达式的运算法则为：先乘除后加减，括号中的内容优先计算。

注意：在使用算术运算符时，如果表达式中含有字符串，系统则会将字符串转换为数值进行计算，例如，"10"+20 的值为 30。若该字符串不能转换为数值，系统则会将其赋值为 0 后再进行运算。

- **字符串表达式和运算符**：字符串表达式是对字符串进行运算的表达式，主要由字符串、字符串运算符和以字符串为结果的函数组成（如"Flash"&"学习"）。在 Flash CS3 中，所有双引号引起来的字符都被视为字符串。字符串表达式的运算符包括：" "（字符串号）、&（合并）、==（等于）、===（严格等于）、!=（不等于）、!==（完全不等于）、>（大于）、>=（大于等于）、<（小于）和<=（小于等于）。

注意：在使用字符串运算符时，表达式中的数值将自动转换为字符并参与运算，例如，字符串表达式"yun"+2 的值为"yun2"。

- **逻辑表达式和运算符**：逻辑表达式是对执行指定动作时所应具备的条件是否成立进行判断的表达式，主要由逻辑运算符和数值表达式组成，通常应用于条件和循环语句中，对特定的条件进行判断。逻辑表达式的运算符包括：&&（与）、‖（或）和!（非）。

5．ActionScript 脚本的添加方法

在 ActionScript 1.0 和 ActionScript 2.0 中，可以将代码输入到时间轴、选择的按钮或影片剪辑元件上，代码加入在 on( )或 onClipEvent( )代码块以及一些相关的事件中，如 press

和 enterFrame 等。但在 ActionScript 3.0 中已经不能这样做了，ActionScript 3.0 只支持在时间轴上输入代码或将代码输入到外部类文件中。

1）创建单独的 ActionScript 文件

在构建较大的应用程序或包括重要的 ActionScript 代码时，最好在单独的 ActionScript 源文件（扩展名为.as 的文本文件）中组织代码，因为在时间轴上输入代码容易使用户无法跟踪哪些帧包含哪些脚本，从而导致随着时间的流失应用程序变得越来越难以维护。

● 非结构化 ActionScript 代码

使用 ActionScript 中的 include 语句可以访问以此方式编写的 ActionScript 脚本。include 语句会导致在特定位置以及脚本的指定范围内插入外部 ActionScript 文件的内容，就好像它们是直接在时间轴上输入的一样，其具体方法可以参考 ActionScript 3.0 中 include 语句的使用方法。

● ActionScript 类定义

定义一个 ActionScript 类，包含它的方法和属性。定义一个类后，可以像对任何内置的 ActionScript 类所做的那样，通过创建该类的一个实例并使用它的属性、方法和事件来访问该类中的 ActionScript 代码。

2）在时间轴上添加 ActionScript 脚本

在 Flash CS3 中，添加 ActionScript 脚本的具体操作步骤如下：

（1）在【时间轴】面板中选中要添加 ActionScript 脚本的关键帧，如图 7.2 所示。

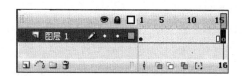

图 7.2　选中关键帧

（2）在场景下方单击 动作-帧× 选项卡（若场景中没有该选项卡，可按【F9】键打开【动作-帧】面板），打开如图 7.3 所示的【动作-帧】面板。

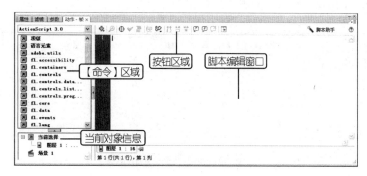

图 7.3　【动作-帧】面板

【动作-帧】面板中各按钮的功能及含义如下。

● 按钮：单击该按钮，可在弹出的下拉菜单中选择需要的 ActionScript 语句。

- 按钮：单击该按钮，可查找指定的字符串并对指定的字符串进行替换。
- 按钮：单击该按钮，可在编辑语句时插入一个目标对象的路径。
- 按钮：单击该按钮，可检查当前语句的语法是否正确，并给出提示。
- 按钮：单击该按钮，可使当前语句按标准的格式排列。
- 按钮：将鼠标光标定位到某一位置后，单击该按钮，可显示它所在语句的语法格式和相关的提示信息。
- 按钮：单击该按钮，可对当前语句进行调试。
- 按钮：单击该按钮，可将大括号中的语句折叠起来。
- 按钮：单击该按钮，可将选中的语句折叠起来。
- 按钮：单击该按钮，可将折叠起来的语句完全展开。
- 脚本助手 按钮：单击该按钮，可开启或关闭脚本助手功能。

（3）在【动作-帧】面板中输入相应的 ActionScript 脚本（注意字母的大小写形式），如图 7.4 所示。

图 7.4　输入 ActionScript 脚本

（4）输入脚本后，单击 按钮，检查输入的脚本是否存在错误。

（5）检查无误后，关闭【动作-帧】面板。此时，关键帧中将出现"a"标记，表示该帧已被添加 ActionScript 脚本，如图 7.5 所示。

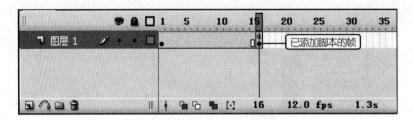

图 7.5　添加脚本后的帧状态

6. 脚本助手的应用

对于 ActionScript 脚本的初学者或对 ActionScript 脚本语法不太熟悉的读者来说，可以

利用 Flash CS3 中的脚本助手功能来添加 ActionScript 脚本，具体操作步骤如下：

（1）选中要添加 ActionScript 脚本的关键帧，在场景下方单击 动作-帧× 选项卡，打开【动作-帧】面板。

（2）在【动作-帧】面板中单击 ✎ 脚本助手 按钮，开启脚本助手功能。

（3）单击 ✚ 按钮，然后在弹出的菜单中选择要添加的 ActionScript 脚本（也可通过左侧的命令区域添加），此时面板右侧的脚本编辑窗口将变为脚本助手模式，并显示出该脚本的作用、参数以及可设置的项目，如图 7.6 所示。

图 7.6　开启脚本助手功能后的面板状态

> **注意：** 脚本助手会根据添加的 ActionScript 脚本的不同在面板右侧显示不同的设置选项。另外，如果输入的参数或所做的设置有误，在面板下方将出现相应的提示信息。

（4）根据脚本助手的提示，对 ActionScript 脚本的参数进行设置。设置完成后，单击 ✎ 脚本助手 按钮，关闭脚本助手功能。

> **注意：** 脚本助手旨在帮助用户规范脚本，以避免在编写 ActionScript 脚本时出现语法和逻辑错误。要用好脚本助手，还需要用户对 ActionScript 脚本的基本语法、变量、函数以及运算符等知识有所了解。

7.1.2　典型案例——为帧添加 ActionScript 脚本

案例目标

本案例通过为"制作'蓝天白云'动画.fla"中的相应关键帧添加用于停止播放的 ActionScript 脚本使动画在播放完成时出现自动停止的效果，如图 7.7 所示。通过本案例的练习，应掌握在动画中为帧添加 ActionScript 脚本的方法。

素材位置：【\第 7 课\素材\制作"蓝天白云"动画.fla】

源文件位置：【\第 7 课\源文件\为帧添加 ActionScript 脚本.fla】

操作思路：

（1）打开"制作'蓝天白云'动画.fla"动画文档。

（2）选中动画结束处的关键帧，然后通过【动作-帧】面板为其添加 ActionScript 脚本。

图 7.7 动画停止时的效果

操作步骤

具体操作步骤如下：

（1）打开"制作'蓝天白云'动画.fla"动画文档，将其存储为"为帧添加 ActionScript 脚本.fla"。

（2）在【时间轴】面板中选中"闪光"图层中的最后一帧，即第 200 帧。

（3）在场景下方单击 动作-帧 × 选项卡，打开【动作-帧】面板。

（4）在【动作-帧】面板中输入以下脚本（注意大小写）：

stop( );

> 说明："stop( );"脚本的作用是停止播放。在结束关键帧中添加该脚本，就可使动画在播放到这一帧时停止在该帧，即实现动画停止播放的效果，其具体用法将在 7.2.1 节进行讲解。

（5）输入脚本后，单击 ✔ 按钮，检查输入的脚本是否存在错误。检查无误后，关闭【动作-帧】面板。

（6）按【Ctrl+Enter】组合键测试动画，即可看到添加 ActionScript 脚本后动画在最后一帧停止播放的效果。

案例小结

本案例通过为"制作'蓝天白云'动画.fla"添加"stop( );"脚本使动画出现了停止播放的效果。本案例的制作十分简单，主要练习在动画中为帧添加 ActionScript 脚本的基本方法。制作完成后，还可打开未添加 ActionScript 脚本的"制作'蓝天白云'动画.fla"动画，通过对比该动画与本案例在播放完成后出现的区别了解"stop( );"脚本的作用。

7.2　场景/帧控制语句

在了解 ActionScript 脚本的基本概念并掌握 ActionScript 脚本的添加方法后，从这一节开始将对 Flash CS3 中常用的 ActionScript 脚本进行讲解。

7.2.1　知识讲解

在 ActionScript 3.0 中，如果需要在特定的事件发生时执行预先设定的某个交互动作（如单击【开始】按钮时开始播放动画），就需要通过使用侦听器来实现。若要确保程序响应特定的事件，必须先将侦听器添加到对应的事件目标中，或添加到作为事件对象事件流一部分的任何显示列表对象中。在 Flash CS3 中，侦听器的基本结构如下：

```
function eventResponse(eventObject:EventType):void
{
    //为响应事件而执行的脚本
}
eventTarget.addEventListener(EventType.EVENT_NAME, eventResponse);
```

该结构主要执行两个操作：首先定义一个函数（即响应事件后需执行的动作的方法），然后用 addEventListener( ) 语句对源对象进行侦听，当指定的事件发生时，就执行先前定义的函数中的动作。在该结构中，各部分的具体含义如下。

- **eventResponse**：定义的函数名称。
- **EventType**：为侦听所调度的事件对象指定的类名称，如 MouseEvent。
- **EVENT_NAME**：为特定事件（列表中的 EVENT_NAME）指定的常量，如 MouseEvent 对应的 CLICK 事件常量。
- **eventTarget**：利用 addEventListener( ) 语句侦听的对象。

下面的语句表示新建一个 replay 函数，并为其指定先侦听调度时间对象 MouseEvent 再侦听 cb 对象的 CLICK 动作，其作用是当用户用鼠标单击 cb 对象时调用 replay 函数，使动画跳转到第 1 帧开始播放。

```
function replay(event:MouseEvent):void {          //定义函数
    gotoAndPlay(1);                               //跳转到第 1 帧播放
}
cb.addEventListener(MouseEvent.CLICK,replay);      //侦听事件
```

在 Flash CS3 中，场景/帧控制语句主要通过对动画中的帧和场景进行控制（如停止、播放和跳转等）对动画的播放进度和播放状态进行相应的控制。在实际应用中，常用的场景/帧控制语句主要有以下几个。

1. play

play 语句用于指定时间轴上的播放指针从当前帧开始播放。

『语法格式』play( );

『参数』无

2. stop

stop 语句用于停止当前正在播放的动画文件，使动画播放到当前帧时不再继续播放。

『语法格式』stop( );

『参数』无

3. gotoAndPlay

gotoAndPlay 语句用于将播放指针跳转到场景中指定的帧，并从该帧开始播放。

『语法格式』gotoAndPlay(scene,frame);

『参数』scene 为场景的名称，可为空；frame 为帧编号、帧名称或表达式。

例如，下面的脚本表示将播放指针跳转到第 50 帧，并从第 50 帧开始播放。

gotoAndPlay(50);　　　　　　　　　//跳转到第 50 帧并从第 50 帧开始播放

4. gotoAndStop

gotoAndStop 语句用于将播放指针跳转到场景中指定的帧，并在该帧停止播放。

『语法格式』gotoAndStop(scene,frame);

『参数』scene 为场景的名称，可为空；frame 为帧编号、帧名称或表达式。

例如，下面的脚本表示将播放指针跳转到第 10 帧，并在第 10 帧停止播放。

gotoAndStop(10);　　　　　　　　　//跳转到第 10 帧并停止在第 10 帧

5. nextFrame

nextFrame 语句用于将播放指针跳转到当前帧的下一帧。

『语法格式』nextFrame( );

『参数』无

6. prevFrame

prevFrame 语句用于将播放指针跳转到当前帧的上一帧。

『语法格式』prevFrame( );

『参数』无

7. nextScene

nextScene 语句用于将播放指针跳转到下一个场景的第 1 帧。

『语法格式』nextScene( );

『参数』无

8. prevScene

prevScene 语句用于将播放指针跳转到上一个场景的第 1 帧。

『语法格式』prevScene( );

『参数』无

7.2.2　典型案例——利用脚本实现动画播放控制

案例目标

本案例将通过在"制作'飞奔'逐帧动画.fla"中新建按钮元件并为按钮元件添加前面所学的场景/帧控制语句对动画的播放状态进行控制（效果如图 7.8 所示），练习为按钮元件添加 ActionScript 脚本的方法，并掌握相应 ActionScript 脚本的基本用法。

图 7.8　利用脚本控制动画播放的效果

素材位置：【\第 7 课\素材\制作"飞奔"逐帧动画.fla】

源文件位置：【\第 7 课\源文件\利用脚本实现动画播放控制.fla】

操作思路：

（1）打开"制作'飞奔'逐帧动画.fla"动画文档。

（2）新建"播放"、"停止"、"跳转"和"微移"按钮元件。

（3）将按钮元件放置到场景中，并进行相应的排列。

（4）为各按钮编写相应的 ActionScript 脚本。

操作步骤

本案例在动画文档中添加脚本，以实现播放控制，其具体操作步骤如下：

（1）打开"制作'飞奔'逐帧动画.fla"动画文档，将其存储为"利用脚本实现动画播放控制.fla"。

（2）新建"播放"按钮元件，在编辑场景中绘制一个按钮图形，如图 7.9 所示。在"指针经过"、"按下"和"点击"帧分别插入关键帧，然后将"指针经过"帧中的三角图形填充为白色（如图 7.10 所示），将"按下"帧中的三角图形填充为红色（如图 7.11 所示），以表现按钮对应鼠标动作的各种状态。

图 7.9　绘制按钮图形　　图 7.10　"指针经过"帧中的图形　　图 7.11　"按下"帧中的图形

（3）用同样的方法分别新建"停止"、"跳转"和"微移"按钮元件，如图 7.12、图 7.13 和图 7.14 所示。

图 7.12　"停止"按钮元件　　图 7.13　"跳转"按钮元件　　图 7.14　"微移"按钮元件

（4）返回主场景，在"人物"图层上方新建图层，并将其重命名为"脚本"，然后使用矩形工具在场景上方绘制一个 Alpha 值为"50"的白色半透明矩形，如图 7.15 所示。

绘制该矩形

图 7.15　绘制矩形

（5）从【库】面板中依次将"播放"、"停止"、"跳转"和"微移"按钮元件拖动到场景中，并将"跳转"和"微移"按钮元件分别复制一个，然后将复制的按钮元件水平翻转，并对所有的按钮元件进行如图 7.16 所示的排列。

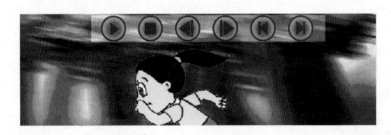

图 7.16　复制并排列按钮元件

（6）在【属性】面板中依次将"播放"、"停止"、"后退"、"前进"、"最前"和"最后"按钮元件的实例名称改为"ply"、"stp"、"pre"、"nxt"、"first"和"late"。

（7）在"脚本"图层中选中第 1 帧，在场景下方单击 动作-帧 × 选项卡，打开【动作-帧】面板，输入以下脚本：

```
function plyMovie(event:MouseEvent):void
{
    this.play( );                          //单击播放按钮时播放动画
}
ply.addEventListener(MouseEvent.CLICK, plyMovie);
function stpMovie(event:MouseEvent):void
{
    this.stop( );                          //单击停止按钮时停止动画播放
}
stp.addEventListener(MouseEvent.CLICK, stpMovie);
function preMovie(event:MouseEvent):void
{
    this.prevFrame( );                     //单击后退按钮时跳转到上一帧
}
pre.addEventListener(MouseEvent.CLICK, preMovie);
function nxtMovie(event:MouseEvent):void
```

```
    {
        this.nextFrame( );                        //单击前进按钮时跳转到下一帧
    }
    nxt.addEventListener(MouseEvent.CLICK,nxtMovie);
    function firstMovie(event:MouseEvent):void
    {
        this.gotoAndStop(1);                      //单击最前按钮时跳转到第 1 帧并停止播放
    }
    first.addEventListener(MouseEvent.CLICK, firstMovie);
    function lateMovie(event:MouseEvent):void
    {
        this.gotoAndStop(6);                      //单击最后按钮时跳转到第 6 帧并停止播放
    }
    late.addEventListener(MouseEvent.CLICK, lateMovie);
```

说明： 因为 ActionScript 3.0 只支持在时间轴上输入代码，因此需要给按钮定义实例名称，以便在时间轴中为各按钮编写 ActionScript 脚本。

（8）为按钮添加 ActionScript 脚本后，按【Ctrl+Enter】组合键测试动画，即可看到利用脚本控制动画播放的效果。

案例小结

本案例通过在"制作'飞奔'逐帧动画.fla"中新建按钮元件并为按钮元件添加 ActionScript 脚本实现了对动画播放状态的控制功能。通过本案例的练习，读者可掌握利用场景/帧控制语句配合按钮元件控制动画播放的基本方法和技巧。在 Flash 动画中，简单的播放控制都可采用这种方式来实现。除此之外，读者还可尝试制作类似的实例，对本案例中未练习到的 nextScene，prevScene 和 gotoAndPlay 语句进行有针对性的练习。

7.3　上 机 练 习

在学习完本课知识点并通过实例演练相关的操作方法后，相信读者已经熟练掌握了 ActionScript 脚本的添加方法以及场景/帧控制语句的应用，下面通过两个上机练习再次巩固本课所学内容。

7.3.1　为按钮添加 ActionScript 脚本

本练习将通过为帧和按钮元件添加 ActionScript 脚本对"制作'滚山坡'动画.fla"进行简单的播放控制（效果如图 7.17 所示），主要练习添加按钮以及通过与帧中 ActionScript 脚本的配合实现简单动画控制的方法。

图 7.17　利用按钮元件实现播放控制的效果

素材位置：【\第 7 课\素材\制作"滚山坡"动画.fla】

源文件位置：【\第 7 课\源文件\添加按钮 ActionScript 脚本.fla】

操作思路：

● 打开"制作'滚山坡'动画.fla"动画文档。

● 利用"刺猬"影片剪辑元件制作"播放控制"按钮元件。

● 将"播放控制"按钮元件放置到"山坡"图层中。

● 新建"脚本"图层，并在第 1 帧中添加 ActionScript 脚本。

7.3.2　利用脚本实现场景切换

本练习将利用 nextScene 和 prevScene 语句制作通过单击按钮切换动画场景的动画效果（如图 7.18 所示），主要练习 nextScene 和 prevScene 语句的应用，让读者掌握利用 ActionScript 脚本切换动画场景的基本方法。

图 7.18　利用脚本实现的场景切换效果

素材位置：【\第 7 课\素材\古诗.bmp】

源文件位置：【\第 7 课\源文件\利用脚本实现场景切换.fla】

操作思路：

● 设置文档的场景尺寸为 550×400 像素、背景颜色为白色，将"古诗.bmp"图片

素材导入到【库】面板中。

● 将 "古诗.bmp" 从【库】面板中拖入到场景 1 中，并进行适当调整，完成场景 1 的动画制作。然后，新建场景 2 和场景 3，并分别制作场景动画。

● 新建 "跳转" 按钮，将其复制一个并进行翻转，然后将其分别放置在 3 个场景上，并分别定义按钮的实例名称为 "up1" ～ "up3" 和 "down1" ～ "down3"。

● 选择场景 1，新建 "脚本" 图层，然后选中第 1 帧，在场景下方单击 动作-帧× 选项卡，打开【动作-帧】面板，在其中输入脚本。

● 用类似的方法为场景 2 和场景 3 输入脚本。

7.4　疑 难 解 答

问：按照书上的提示在【动作-帧】面板中输入相应的脚本后，为什么在检查脚本时出现错误？

答：这种情况通常由两个原因引起：一是在输入脚本的过程中输入了错误的字符或字母的大小写有误，使得 Flash CS3 无法正常判定脚本；对于这种情况，应仔细检查输入的脚本并对错误处进行修改。二是输入的标点符号采用了中文格式，即输入了中文格式的分号、冒号或括号等，因为 Flash CS3 中的 ActionScript 脚本只能采用英文格式的标点符号，所以也会导致出现错误提示；对于这种情况，应将输入法设置为英文状态，然后重新输入标点符号。

问：为什么我用 ActionScript 3.0 编写了正确的 MouseEvent 函数语句，却老是提示无法加载 MouseEvent 类？

答：这是因为你是在用 Flash 8 制作的 Flash 动画的基础上改写语句的，选择【文件】→【发布设置】命令，在打开的【发布设置】对话框中单击【Flash】选项卡，在【版本】下拉列表框中选择【Flash Player 9】选项，在【ActionScript 版本】下拉列表框中选择【ActionScript 3.0】选项，然后单击 确定 按钮，就不会再提示这类错误了。

7.5　课 后 练 习

1. 选择题

（1）在 ActionScript 脚本中，（　　　）用于语句的结束处，表示该语句结束。

　　A. :　　　　　　　　　　　　　　　B. ;

　　C. .　　　　　　　　　　　　　　　D. ,

（2）下列单词中不属于 Flash CS3 保留关键字的是（　　　）。

　　A. do　　　　　　　　　　　　　　B. am

　　C. void　　　　　　　　　　　　　D. soft

（3）Flash CS3 中的变量包括（　　　）。

　　A. 逻辑变量　　　　　　　　　　　B. 数值型变量

　　C. 运算符变量　　　　　　　　　　D. 自定义变量

（4）用于将播放指针跳转到下一帧的 ActionScript 语句是（　　　　）。

　　A．nextScene　　　　　　　　　　B．nextFrame

　　C．gotoAndPlay　　　　　　　　　D．gotoAndStop

2．问答题

（1）变量的作用是什么？变量的类型有哪几种？

（2）函数的类型有哪些？怎样定义函数？

（3）简述为关键帧添加 ActionScript 脚本的基本方法。

（4）简述脚本助手的使用方法。

3．上机题

运用本课所学的知识，利用导入的图片素材和按钮元件制作一个电子相册动画效果，如图 7.19 所示。

图 7.19　电子相册效果

素材位置：【\第 7 课\素材\相册\】

源文件位置：【\第 7 课\源文件\利用脚本制作电子相册.fla】

提示： 制作中应注意以下几点。

● 设置动画场景尺寸为 460×300 像素、背景色为白色。

● 将"图层 1"重命名为"背景"，将"背景.jpg"图片素材放置到场景中。

● 新建图层，将其重命名为"图片"，将导入的"01.jpg"～"07.jpg"图片素材依次放置到该图层中，并为各帧添加"stop( );"脚本。

● 新建图层，将其重命名为"遮罩"，在该图层中绘制一个与"背景"图层中的相片内框相同大小的矩形，然后将"遮罩"图层转换为遮罩层。

● 新建图层，将其重命名为"按钮"，将创建的"切换"按钮元件放置到场景中，然后将其复制一个并进行翻转，设置按钮的实例名称为"pre"和"nxt"。

● 新建图层，将其重命名为"脚本"，并在第 1 帧中输入如下脚本：

```
function preMovie(event:MouseEvent):void
{
    prevFrame( );                    //单击按钮时跳转到上一帧
}
pre.addEventListener(MouseEvent.CLICK, preMovie);
function nxtMovie(event:MouseEvent):void
{
    nextFrame( );                    //单击按钮时跳转到下一帧
}
nxt.addEventListener(MouseEvent.CLICK, nxtMovie);
```

第8课

ActionScript 脚本应用进阶

本课要点

- 影片剪辑控制语句
- 循环/条件控制语句
- 时间获取语句
- 声音控制语句
- 浏览器/网络控制语句

具体要求

- 了解常用影片剪辑控制语句的语法，并掌握此类语句的基本应用
- 了解各循环/条件控制语句之间的区别，并掌握此类语句的语法与基本应用
- 了解常用时间获取语句的语法，并掌握此类语句的基本应用
- 了解常用声音控制语句的语法，并掌握此类语句的基本应用
- 了解常用浏览器/网络控制语句的语法，并掌握此类语句的基本应用

本课导读

在 Flash CS3 中，除了利用场景/帧控制语句实现对动画播放状态的简单控制外，还可利用影片剪辑控制语句对影片剪辑的属性进行设置，利用声音控制语句对动画中的声音播放状态进行调整，利用循环/条件控制语句、时间获取语句以及浏览器/网络控制语句对动画中的条件判定、时间信息以及动画播放属性等进行相关的设置，从而得到特定的交互动画效果。

- 影片剪辑控制语句：设置影片剪辑属性，并实现复制、移除及拖动等效果。
- 循环/条件控制语句：在动画中实现循环，并对特定条件进行判定。
- 时间获取语句：获取系统中的相关时间信息。
- 声音控制语句：控制声音的播放、停止、声道以及音量大小等属性。
- 浏览器/网络控制语句：设置动画的播放属性，并为动画添加网络链接。

8.1 影片剪辑控制语句

在 ActionScript 脚本的实际应用中，除了利用场景/帧控制语句对动画播放状态进行简单的控制外，还可利用相应的影片剪辑控制语句对影片剪辑的属性进行设置。在本节中，就将对 Flash CS3 中常用的影片剪辑控制语句进行讲解。

8.1.1 知识讲解

在 Flash CS3 中，利用影片剪辑控制语句可对影片剪辑的属性进行设置（如位置、大小、旋转和透明等），除此之外，还可对指定影片剪辑进行复制、移除、获取属性以及利用鼠标拖动等操作。

1. x

x 主要用于设置对象在舞台中的水平坐标。

『语法格式』public var x:Number = 0

『参数』无

例如，若要将动画中的 MF 影片剪辑放置到舞台中水平坐标为 119 的位置，只需在关键帧中添加如下语句：

```
MF.x=119;                          //设置 MF 影片剪辑的水平坐标为 119
```

2. y

y 主要用于设置对象在舞台中的垂直坐标。

『语法格式』public var y:Number = 0

『参数』无

例如，若要将动画中的 MF 影片剪辑放置到舞台中垂直坐标为 90 的位置，只需在关键帧中添加如下语句：

```
MF.y=90;                           //设置 MF 影片剪辑的垂直坐标为 90
```

3. scaleX

scaleX 用于设置对象的水平缩放比例，其默认值为 1，表示按 100%缩放。

『语法格式』public var scaleX:Number = 1

『参数』无

例如，若要将动画中的 MF 影片剪辑在水平方向上以 200%显示，只需在关键帧中添加如下语句：

```
MF.scaleX=2;                       //设置 MF 影片剪辑在水平方向上以 200%显示
```

4. scaleY

scaleY 用于设置对象的垂直缩放比例，其默认值为 1，表示按 100%缩放。

『语法格式』public var scaleY:Number = 1

『参数』无

例如，若要将动画中的 MF 影片剪辑在垂直方向上缩小一半显示，只需在关键帧中添加如下语句：

```
MF.scaleY=0.5;                    //设置 MF 影片剪辑在垂直方向上缩小一半
```

5．alpha

alpha 用于设置对象的透明度属性，其有效值为 0（完全透明）到 1（完全不透明），默认值为 1。

『语法格式』alpha:Number [read-write]

『参数』无

例如，若要将 MF 影片剪辑的透明度设置为 50%，只需在关键帧中添加如下语句：

```
MF.alpha=0.5;                     //设置 MF 影片剪辑的透明度为 50%
```

6．rotation

rotation 用于设置对象的旋转角度，其取值以度为单位，0~180 表示顺时针方向旋转，0~ -180 表示逆时针方向旋转。对于此范围之外的值，可以通过加上或减去 360 获得该范围内的值，例如，vide.rotation = 450 与 vide.rotation = 90 的作用是相同的。

『语法格式』rotation:Number [read-write]

『参数』无

例如，若要将 MF 影片剪辑顺时针旋转 45°，只需在关键帧中添加如下语句：

```
MF.rotation=45;                   //将 MF 影片剪辑顺时针旋转 45°
```

7．visible

visible 用于设置对象的可见属性，该属性有两个值——true 和 false，默认值为 true，表示显示对象；false 表示隐藏对象。

『语法格式』visible:Boolean

『参数』无

例如，若要将 MF 影片剪辑设置为不可见，只需在关键帧中添加如下语句：

```
MF.visible=false;                 //设置 MF 影片剪辑为不可见
```

8．height

height 用于设置对象的高度，以像素为单位。这里的高度是根据显示对象内容的范围来计算的。如果设置了 height 属性，scaleY 属性则会自动进行相应调整。

『语法格式』height:Number [read-write]

『参数』无

例如，若要将 MF 影片剪辑的高度设置为 300 像素，只需在关键帧中添加如下语句：

```
MF.height=300;                    //设置 MF 影片剪辑影片的高度为 300 像素
```

9．width

width 用于设置对象的宽度，以像素为单位。这里的宽度是根据显示对象内容的范围来计算的。如果设置了 width 属性，scaleX 属性则会自动进行相应调整。

『语法格式』width:Number [read-write]

『参数』无

例如，若要将 MF 影片剪辑的宽度设置为 100 像素，只需在关键帧中添加如下语句：

MF.width=100;   //设置 MF 影片剪辑的宽度为 100 像素

说明：可以同时对一个影片剪辑元件的多个属性进行设置，如下面的脚本表示当影片剪辑被加载到时间轴中时将如图 8.1 所示的当前影片剪辑的透明度设置为 70%，旋转 50°，并将其水平缩放比例设置为 50%。执行脚本后的效果如图 8.2 所示。

star.x=200;   //将影片剪辑的水平坐标设置为 200
star.y=150;   //将影片剪辑的垂直坐标设置为 150
star.scaleY=0.7;   //将影片剪辑的垂直缩放比例设置为 70%
star.width=120;   //将影片剪辑的宽度设置为 120 像素
star.height=240;   //将影片剪辑的高度设置为 240 像素
star.visible=false;   //将影片剪辑设置为不可见
star.alpha=0.7;   //将影片剪辑的 alpha 值设置为 70%
star.rotation=50;   //将影片剪辑的旋转角度设置为 50°
star.scaleX=0.5;   //将影片剪辑的水平缩放比例设置为 50%

图 8.1　影片剪辑　　　　　图 8.2　设置属性后的影片剪辑效果

注意：star 表示当前影片剪辑的实例名称，应在【属性】面板的【实例名称】文本框中进行设置。

10．startDrag

startDrag 语句用于对场景中指定的影片剪辑进行拖曳，执行该语句后，指定的影片剪辑会跟随鼠标指针在场景中移动。

『语法格式』startDrag(lockCenter:Boolean = false, bounds:Rectangle = null);

『参数』lockCenter:Boolean 用于确定是将可拖动的影片剪辑锁定到鼠标位置中央（true），还是锁定到用户首次单击该影片剪辑时所在的点上（false）；bounds:Rectangle（default = null）表示相对于父级影片剪辑坐标的值，用于指定影片剪辑约束矩形。

注意：只有当将 lockCenter 设置为 true 时，才能设置拖曳边界参数。

例如，下面的脚本表示当影片剪辑被加载到时间轴中时，利用鼠标拖曳当前影片剪辑：

```
onClipEvent (load){                    //当加载影片剪辑时触发事件
    startDrag(this);                   //拖动当前的影片剪辑
}
```

11．stopDrag

stopDrag 语句用于停止对指定影片剪辑进行的拖曳。

『语法格式』stopDrag( );

『参数』无

8.1.2　典型案例——利用脚本设置影片剪辑属性

案例目标

本案例将通过脚本与 Flash CS3 文本工具的配合使用制作可通过输入数值改变场景中影片剪辑属性的动画效果，如图 8.3 所示。

图 8.3　"利用脚本设置影片剪辑属性"动画的效果

素材位置：【\第 8 课\素材\】
源文件位置：【\第 8 课\源文件\利用脚本设置影片剪辑属性.fla】
操作思路：

（1）导入图片素材，并利用"摩托车.png"制作"摩托车"影片剪辑元件。

（2）将"图层 1"重命名为"背景"，然后将"图片背景.jpg"和"摩托车"影片剪辑放置到图层中。

（3）新建"文本"图层，使用文本工具输入文本，创建 3 个输入文本区域，并设置其相应变量。

（4）将"buttons bubble2-green"和"buttons bubble2-red"按钮放置到场景中，并为其添加相应的脚本。

（5）新建"脚本"图层，并输入脚本来控制"摩托车"影片剪辑的属性。

操作步骤

制作好相关元件后，将按钮添加到场景中，再添加相应的控制脚本，具体操作步骤如下：

（1）新建一个 Flash 空白文档，将其存储为"利用脚本设置影片剪辑属性.fla"。在【属性】面板中将场景尺寸设置为 600×340 像素，将背景色设置为白色。

（2）选择【文件】→【导入】→【导入到库】命令，将"图片背景.jpg"和"摩托车.png"图片素材（位于"\第 8 课\素材\"文件夹中）导入到库中。

（3）新建"摩托车"影片剪辑，然后从【库】面板中将"摩托车.png"图片素材拖动放置到编辑场景中。

（4）返回主场景，将"图层1"重命名为"背景"，从【库】面板中将"图片背景.jpg"拖动放置到场景中，并将其调整到与场景相同大小，如图8.4所示。

（5）从【库】面板中将"摩托车"影片剪辑拖动到场景中，对影片剪辑的大小进行适当的调整，然后将其放置到如图8.5所示的位置。

图8.4　放置并调整"图片背景.jpg"　　　　图8.5　放置"摩托车"影片剪辑

（6）在场景中选中"摩托车"影片剪辑，在【属性】面板中将其实例名称设置为"mtc"，如图8.6所示。

> **说明：** 设置"摩托车"影片剪辑的实例名称是为了使后面添加的 ActionScript 脚本能够正常调用该影片剪辑。如果不设置实例名称或设置的实例名称与 ActionScript 脚本中调用的实例名称不符，则无法利用 ActionScript 脚本对影片剪辑的属性进行设置。

（7）新建图层，将其重命名为"文本"，使用文本工具在场景左上角输入"比例"、"旋转"、"透明"、"应用"和"重置"黑色文本，如图8.7所示。

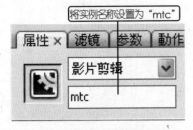

图8.6　设置影片剪辑的实例名称　　　　图8.7　输入黑色文本

（8）在选中文本工具的情况下，在【属性】面板中将文本类型设置为"输入文本"，并选择显示边框，然后将输入文本的实例名称设置为"a"，如图8.8所示。

图8.8　设置文本类型和实例名称

（9）使用文本工具在"比例"文字右侧拖动出一个文本输入区域，如图8.9所示。

（10）用同样的方法在"旋转"和"透明"文本右侧拖动出类似的文本输入区域，并分别将其实例名称设置为"b"和"c"。

（11）参照文本输入区域的大小和位置，使用矩形工具在文本输入区域下方分别绘制黑色边框的白色矩形（如图 8.10 所示），使文本输入区域中的文本内容能够更醒目地显示在场景中。

图 8.9　创建文本输入区域

图 8.10　绘制白色矩形

（12）选择【窗口】→【公用库】→【按钮】命令，打开【库-按钮】面板，在该面板中选择"buttons bubble2"分支下的"buttons bubble2-green"和"buttons bubble2-red"按钮，并将其拖动到场景中"应用"和"重置"文本的右侧（如图 8.11 所示），并分别设置两个按钮的实例名称为"apply"和"replay"。

图 8.11　放置按钮

（13）新建"脚本"图层，并选择第 1 帧，在【动作-帧】面板中输入以下脚本:

```
function ap(event:MouseEvent):void{
    var bl=Number(a.text);    //将输入文本 a 的内容转换为数值并赋值给 bl 变量
    var xz=Number(b.text);    //将输入文本 b 的内容转换为数值并赋值给 xz 变量
    var tmd=Number(c.text);   //将输入文本 c 的内容转换为数值并赋值给 tmd 变量
    mtc.scaleX=bl/100;        //根据 bl 变量设置 mtc 影片剪辑的水平缩放比例
    mtc.scaleY=bl/100;        //根据 bl 变量设置 mtc 影片剪辑的垂直缩放比例
    mtc.rotation= xz;         //根据 xz 变量设置 mtc 影片剪辑的旋转角度
    mtc.alpha= tmd/100;       //根据 tmd 变量设置 mtc 影片剪辑的透明度
}
apply.addEventListener(MouseEvent.CLICK,ap);
function re(event:MouseEvent):void{
```

```
mtc. scaleX=1;
mtc. scaleY=1;
mtc. rotation= 0;
mtc. alpha= 1;
}
replay.addEventListener(MouseEvent.CLICK,re);
```

（14）按【Ctrl+Enter】组合键测试动画，通过在文本输入区域中输入相应数值并单击 应用 ● 按钮，即可对场景中的"摩托车"影片剪辑的属性进行设置。

案例小结

本案例通过从文本输入区域获取输入数值，然后为相应的影片剪辑添加控制脚本，通过单击按钮触发事件并将添加的 ActionScript 脚本作用于场景中的"摩托车"影片剪辑，最终实现利用脚本设置影片剪辑属性的交互动画效果。本案例的主要目的是练习获取输入数值以及通过事件触发 ActionScript 脚本的基本方法，对于这两点应重点掌握。

8.2 循环/条件控制语句

在 Flash CS3 中，如果需要重复执行某一脚本或通过判定特定条件并根据判定结果执行相应的操作，可应用循环/条件控制语句来实现。

8.2.1 知识讲解

循环控制语句主要应用于需重复执行某段 ActionScript 脚本的情况，通过循环地执行相应脚本，减少重复脚本的输入，并提高脚本执行的效率。条件控制语句则主要用于对某个特定条件进行判定，然后根据判定的结果执行预先指定的 ActionScript 脚本，以实现对程序进行调整和控制的目的。在 Flash CS3 中，常用的循环/条件控制语句主要有以下几个。

1. for

for 语句用于根据指定次数循环执行脚本。执行 for 语句时，首先判断是否符合设置的条件，符合则执行用户设置的 ActionScript 脚本，执行完后更新循环条件，并再次判断是否符合条件，如符合条件则继续执行，否则退出循环。

『语法格式』for(init;condition;next){
　　　　　　statement(s);
　　　　}

『参数』init 表示在开始循环前要计算的条件表达式，通常为赋值表达式。condition 表示在开始循环前要计算的可选表达式，通常为比较表达式；如果该表达式的计算结果为 true，则执行与 for 语句相关联的语句。next 表示循环执行脚本后要计算的可选表达式，通常是递增或递减表达式。

例如，下面的脚本表示从 1 至 10 逐渐累加，并给出每次累加的数值。

```
t = 0;                      //定义 t 变量的初始值
for (var i=1; i<=10; i += 1){    //将 i 变量的初始值设为 1，循环条件为 i 小于等于 10，
```

```
                                    //循环更新值为将 i 变量的值加 1，即循环 10 次
    t += i;                         //将 i 逐次累加，并将累加的值赋值给 t 变量
    trace("t="+t);                  //输出 t 变量的值
}
```

2．for…in

『语法格式』for(variableIterant:String in object){

　　　　　//语句

　　　　}

『参数』variableIterant:String 表示要作为迭代变量的变量的名称以及变量引用对象的每个属性或数组中的每个元素。

例如，下面的脚本表示将 10 以内的奇数定义为 js 数组，利用 for…in 语句执行循环，并输出数组内奇数每次累加的值。

```
t = 0;                              //定义 t 变量的初始值
var js:Array = new Array(9, 7, 5, 3, 1);  //定义 js 数组
for(var i in js){                   //利用 js 数组中的元素执行循环
    t+=js[i]                        //将数组内的元素累加，并赋值给 t 变量
    trace(t);                       //输出 t 变量的值
}
```

注意：for…in 和 for 语句都用于根据指定次数循环执行脚本，两者的差异如下：for…in 语句用于根据对象的所有属性或数组中的元素循环执行脚本；而 for 语句如果在一开始时就没有符合条件，则不会执行相应的脚本。

3．while

while 语句用于根据指定的条件循环执行脚本。while 语句在循环前会先检查是否符合循环条件，如果符合条件，就执行用户设置的 ActionScript 脚本，在执行脚本后再次对条件进行检查并执行 ActionScript 脚本，直到不符合循环条件时终止循环。

『语法格式』while(condition){

　　　　　//语句

　　　　}

『参数』condition 表示计算结果为 true 或 false 的表达式。

例如，下面的脚本表示将 1～20 逐渐累加，并给出每次累加的值。

```
var i = 1;                          //定义 i 变量的初始值
var t = 0;                          //定义 t 变量的初始值
while(i<=20){                       //判定 i 的值是否小于等于 20
    t += i;                         //将 i 变量累加的值赋值给 t 变量
    i += 1;                         //将 i 变量的值加 1
    trace(t);                       //输出 t 变量的值
}
```

4. do…while

do…while 语句用于根据指定的条件循环执行脚本。do…while 语句会先执行一次设置的 ActionScript 脚本，然后判断是否符合条件，若符合条件则继续执行，若不符合条件则终止循环。

『语法格式』do{ statement(s);} while(condition);

『参数』condition 表示计算结果为 true 或 false 的条件表达式。

例如，下面的脚本表示将 1～15 逐渐累加，并给出每次累加的值。

```
var i = 1;                            //定义 i 变量的初始值
var t = 0;                            //定义 t 变量的初始值
do{
    t += i;                           //将 i 变量累加的值赋值给 t 变量
    i += 1;                           //将 i 变量的值加 1
    trace(t);                         //输出 t 变量的值
}
while(i<=15);                         //判定 i 的值是否小于等于 15
```

注意：do…while 和 while 都是需判定条件的循环控制语句，两者的差异如下：在 while 语句中，若没有满足条件，则不执行设置的 ActionScript 脚本，即先判断条件后执行；而 do…while 语句就算是在没有满足条件的情况下，也会执行一次设置的 ActionScript 脚本，即先执行后判断条件。

5. break

break 语句用于跳出正在执行的循环。

『语法格式』break;

『参数』无

例如，下面的脚本表示当执行一次 trace 语句后，即跳出当前循环。

```
for(var i=1; i<=10; i += 1){          //判定 i 变量的值是否符合循环条件
    trace(i);                         //输出 i 变量的值
    break;                            //跳出当前循环
}
```

6. if

if 语句用于对设定的条件进行判定，如果条件为真，则执行设置的 ActionScript 脚本，否则跳过该脚本执行。

『语法格式』if (condition){
　　　　　　　　//语句
　　　　　　　}

『参数』condition 表示计算结果为 true 或 false 的表达式。

例如，下面的脚本表示当 i 变量等于 10 时，将播放指针跳转到第 25 帧进行播放。

```
if(i=10){                             //判定 i 变量的值是否等于 10
    gotoAndPlay(25);                  //如条件为真，则跳转到第 25 帧进行播放
```

```
}
```

7. else

else 语句通常与 if 语句配合使用，用于对设定的条件进行判定，如果判定的结果为真，就执行 if 语句中设置的 ActionScript 脚本，否则就执行 else 语句中设置的 ActionScript 脚本。

『语法格式』if(condition){
　　　　　　　//语句
　　　} else {
　　　　　　　//语句
　　　}

『参数』condition 为 if 语句判断的条件，第 1 个"语句"表示条件为真时需执行的 ActionScript 脚本，第 2 个"语句"表示条件为假时需执行的 ActionScript 脚本。

例如，下面的脚本表示当 i 变量等于 10 时，将播放指针跳转到第 25 帧进行播放，否则跳转到第 1 帧并停止播放。

```
if(i=10){                    //判定 i 变量的值是否等于 10
    gotoAndPlay(25);         //如果条件为真，则跳转到第 25 帧进行播放
} else {
    gotoAndStop(1);          //否则跳转到第 1 帧并停止播放
}
```

if 语句还可以与 else if 语句组合，用于对设定的条件进行判定，如果判定的结果为真，就执行 if 语句中设置的 ActionScript 脚本；否则，就判定 else if 语句中的条件是否为真，若为真，则执行 else if 语句中设置的 ActionScript 脚本。

『语法格式』if(condition){
　　　　　　　//语句
　　　} else if(condition){
　　　　　　　//语句
　　　}

『参数』第 1 个 condition 为 if 语句判断的条件，第 2 个 condition 为 else if 语句判断的条件；第 1 个"语句"表示当 if 语句设定的条件为真时需执行的 ActionScript 脚本，第 2 个"语句"表示当 else if 语句设定的条件为真时需执行的 ActionScript 脚本。

例如，下面的语句表示当 i 变量等于 10 时将播放指针跳转到第 25 帧进行播放；否则，如果 i 变量等于 20，则跳转到第 1 帧并停止播放。

```
if(i=10){                    //判定 i 变量的值是否等于 10
    gotoAndPlay(25);         //如果条件为真，则跳转到第 25 帧进行播放
} else if（i=20）{            //否则，如果 i 变量的值等于 20
    gotoAndStop(1);          //则跳转到第 1 帧并停止播放
}else{
    play( );
}
```

8.2.2 典型案例——利用脚本复制影片剪辑

案例目标

本案例将利用本节所学的 **if** 和 **else** 语句制作"利用脚本复制影片剪辑.fla"动画。在该动画中，影片剪辑不断地复制，并且用户可利用鼠标拖动场景中的影片剪辑，从而实现简单的鼠标拖动效果，如图 8.12 所示。

图 8.12　利用脚本复制影片剪辑的效果

素材位置：【\第 8 课\素材\】

源文件位置：【\第 8 课\源文件\利用脚本复制影片剪辑.fla】

操作思路：

（1）导入图片素材，并制作"变色"和"旋转"影片剪辑元件。

（2）将"图层 1"重命名为"图片"，将"科幻.jpg"放置到图层中。

（3）新建"复制"影片剪辑，并在第 1～2 帧中分别输入相应的 ActionScript 脚本。

（4）新建"影片剪辑"图层，将"复制"影片剪辑放置到场景中。

（5）新建"脚本"图层，在该图层的第 1 帧中输入相应的 ActionScript 脚本。

操作步骤

导入素材后，新建各元件并输入脚本，其具体操作步骤如下：

（1）新建一个 Flash 空白文档，将其存储为"利用脚本复制影片剪辑.fla"。在【属性】面板中将场景尺寸设置为 500×300 像素，将背景色设置为黑色。

（2）选择【文件】→【导入】→【导入到库】命令，将"科幻.jpg"图片素材导入到库中。

（3）新建"变色"影片剪辑，使用绘图工具在编辑场景中绘制如图 8.13 所示的图形，然后将图形的填充色设置为 Alpha 值为 0 的白色。

（4）将第 1 帧分别复制到第 4 帧、第 8 帧、第 12 帧、第 16 帧和第 20 帧，并将第 4 帧、第 8 帧、第 12 帧和第 16 帧中的图形分别填充为黄色、橙色、红色和黄色。

（5）新建"旋转"影片剪辑，从【库】面板中将"变色"影片剪辑拖动到编辑场景中央，在第 1~10 帧之间创建动画补间动画，然后选中第 1 帧，在【属性】面板中将其设置为顺时针旋转 1 次，如图 8.14 所示。

图 8.13　绘制图形　　　　　　　　图 8.14　设置旋转效果

（6）返回主场景，将"图层 1"重命名为"图片"，从【库】面板中将"科幻.jpg"图片素材拖动到场景中央，然后在第 3 帧插入普通帧。

（7）新建"复制"影片剪辑，在【库】面板中的"旋转"影片剪辑元件上单击鼠标右键，在弹出的快捷菜单中选择【链接】命令（如图 8.15 所示），打开【链接属性】对话框，选中【为 ActionScript 导出】复选框，在【类】文本框中删除原来默认填充的名称并输入"star"，然后单击【确定】按钮（如图 8.16 所示），关闭该对话框。

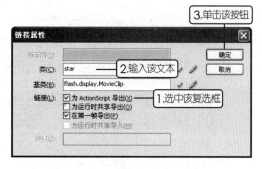

图 8.15　选择【链接】命令　　　　　　图 8.16　【链接属性】对话框

（8）选中第 1 帧，在【动作-帧】面板中输入以下脚本：

```
var c:star = new star( );        //创建一个新的 star 实例
c.scaleX = 1 - i/50;             //设置 star 实例的水平比例
c.scaleY = 1 - i/50;             //设置 star 实例的垂直比例
c.alpha = 1 - i/50;              //设置 star 实例的透明度
addChild(c);                     //将 star 实例添加到当前时间轴
```

在第 2 帧中输入以下脚本：

```
var maxaa:uint = 30;             //定义变量 maxaa 并赋初值为 30
var i:uint;                      //定义变量 i，未赋初值
```

```
if(i == maxaa){                    //如果变量 i 与变量 maxaa 的值相同
    i = 1;                         //将变量 i 的值重置为 1，即继续复制 30 个影片剪辑
} else {                           //如果变量 i 与变量 maxaa 的值不相同
    i = i+1;                       //将变量 i 的值加 1
}
gotoAndPlay(1);                    //跳转到第 1 帧播放
```

（9）返回主场景，新建图层，将其重命名为"影片剪辑"，从【库】面板中将"复制"影片剪辑拖动到场景中间，选中"复制"影片剪辑，在【属性】面板中将其实例名称设置为"btn"，如图 8.17 所示。

图 8.17　设置实例名称

（10）新建图层，将其重命名为"脚本"，选中第 1 帧，在【动作-帧】面板中输入以下脚本：

```
btn.buttonMode =true;
btn.addEventListener(MouseEvent.MOUSE_DOWN,onDown);
btn.addEventListener(MouseEvent.MOUSE_UP,onUp);        //侦听事件
function onDown(event:MouseEvent):void{
    btn.startDrag( );                                 //定义 onDown 事件，开始拖动
}
function onUp(event:MouseEvent):void{
    btn.stopDrag( );                                  //定义 onUp 事件，停止拖动
}
```

（11）按【Ctrl+Enter】组合键测试动画，即可看到利用脚本复制影片剪辑的动画效果。

案例小结

　　本案例通过 if 和 else 语句对 i 变量进行判定，对影片剪辑的最大数量进行控制，从而实现利用脚本复制影片剪辑及用鼠标拖动影片剪辑的动画效果。本案例的主要目的是练习利用条件控制语句配合相关 ActionScript 脚本实现特定动画效果，并对其进行调整和控制。

　　在练习本案例之后，还可尝试利用 if 和 else if 语句对本案例中的 if 和 else 语句进行替换，从而了解这两种条件控制语句的应用方法。除此之外，还可利用所学的 for 和 while 等循环控制语句配合影片剪辑控制语句制作出类似的动画作品，对本节所学的内容进行有针对性的练习。

8.3　时间获取语句

对于某些特定的动画作品，有时需要获取系统中相应的时间信息，从而实现动画中某种特定的功能。在这种情况下，我们可以利用 Flash CS3 中提供的时间获取语句。

8.3.1　知识讲解

在 Flash 中使用时间获取语句，可对电脑中的系统时间进行提取，并利用提取的时间信息制作出某些特定的动画效果（如显示当前时间）。在 Flash CS3 中，常用的时间获取语句有以下几个。

1. getSeconds

getSeconds 语句用于按照系统时间返回指定 Date 对象的秒钟值（0～59 之间的整数）。

『语法格式』function getSeconds( ):Number;

『参数』无

例如，下面的脚本表示将系统时间中的秒钟值赋值给 mz 变量。

```
var time=new Date( );                    //定义一个名为 time 的 Date 对象
var mz=time.getSeconds( );               //将获取的秒钟值赋值给 mz 变量
```

注意：在使用时间获取语句获取时间信息前，首先需要创建一个 Date 对象，否则将无法获取所需的信息。

2. getMinutes

getMinutes 语句用于按照系统时间返回指定 Date 对象的分钟值（0～59 之间的整数）。

『语法格式』function getMinutes( ):Number;

『参数』无

例如，下面的脚本表示将系统时间中的分钟值赋值给 mz 变量。

```
var time=new Date( );                    //定义一个名为 time 的 Date 对象
var mz=time.getMinutes( );               //将获取的分钟值赋值给 mz 变量
```

3. getHours

getHours 语句用于按照系统时间返回指定 Date 对象的小时值（0～23 之间的整数）。

『语法格式』function getHours( ):Number;

『参数』无

例如，下面的脚本表示将系统时间中的小时值赋值给 mz 变量。

```
var time=new Date( );                    //定义一个名为 time 的 Date 对象
var mz=time.getHours( );                 //将获取的小时值赋值给 mz 变量
```

4. getDate

getDate 语句用于按照系统时间返回指定 Date 对象的日期值（1～31 之间的整数）。

『语法格式』function getDate( ):Number;

『参数』无

例如，下面的脚本表示将系统时间中的日期值赋值给 mz 变量。

| var time=new Date( ); | //定义一个名为 time 的 Date 对象 |
| var mz=time.getDate( ); | //将获取的日期值赋值给 mz 变量 |

5. getDay

getDay 语句用于按照系统时间返回指定 Date 对象表示周几的值（0 代表星期日，1 代表星期一，依此类推）。

『语法格式』function getDay( ):Number;

『参数』无

例如，下面的脚本表示将系统时间中的星期值赋值给 mz 变量。

| var time=new Date( ); | //定义一个名为 time 的 Date 对象 |
| var mz=time.getDay( ); | //将获取的星期值赋值给 mz 变量 |

6. getMonth

getMonth 语句用于按照系统时间返回指定 Date 对象的月份值（0~11 之间的整数，0 代表 1 月，1 代表 2 月，依此类推）。

『语法格式』function getMonth( ):Number;

『参数』无

例如，下面的脚本表示将系统时间中的月份值赋值给 mz 变量。

| var time=new Date( ); | //定义一个名为 time 的 Date 对象 |
| var mz=time.getMonth( ); | //将获取的月份值赋值给 mz 变量 |

7. getFullYear

getFullYear 语句用于按照系统时间返回指定 Date 对象的年份值（一个 4 位数）。

『语法格式』function getFullYear( ):Number;

『参数』无

例如，下面的脚本表示将系统时间中的年份值赋值给 mz 变量。

| var time=new Date( ); | //定义一个名为 time 的 Date 对象 |
| var mz=time.getFullYear( ); | //将获取的年份值赋值给 mz 变量 |

8.3.2　典型案例——利用脚本获取系统时间

案例目标

本案例将利用脚本制作一个可以显示系统当前时间的"利用脚本获取系统时间.fla"动画，如图 8.18 所示。通过本案例的练习，读者应掌握 Flash CS3 中常用时间获取语句的基本用法。

图 8.18　"利用脚本获取系统时间"动画的播放效果

素材位置：【\第 8 课\素材\】

源文件位置：【\第 8 课\源文件\利用脚本获取系统时间.fla】

操作思路：

（1）导入图片素材，并制作表现时间点闪烁的"点"影片剪辑元件。

（2）将"图层 1"重命名为"图片"，然后将导入的"万年历.jpg"放置到该图层中。

（3）新建图层，将其重命名为"文字"，将"点"影片剪辑放置到场景中，并使用文本工具输入相应的文本信息。

（4）新建图层，将其重命名为"文本"，在该图层中创建相应的动态文本区域。

（5）新建图层，将其重命名为"脚本"，在该图层的第 1～2 帧中分别输入相应的 ActionScript 脚本。

操作步骤

具体操作步骤如下：

（1）新建一个 Flash 空白文档，将其存储为"利用脚本获取系统时间.fla"。在【属性】面板中将场景尺寸设置为 350×350 像素，将背景色设置为白色。

（2）选择【文件】→【导入】→【导入到库】命令，将"万年历.jpg"图片素材导入到库中。

（3）新建"点"影片剪辑，使用文本工具在编辑场景中输入两个冒号，然后在第 7 帧插入空白关键帧，并在第 12 帧插入普通帧，制作出表现时间点闪烁的动画效果。

（4）返回主场景，将"图层 1"重命名为"图片"，从【库】面板中将"万年历.jpg"拖动到场景中央，如图 8.19 所示，然后在第 2 帧插入普通帧。

（5）新建图层，将其重命名为"文字"，从【库】面板中将"点"影片剪辑拖动到场景中，并将其放置在图片中显示屏部分的中央位置。

（6）使用文本工具在"点"影片剪辑的上方和下方分别输入"年"、"月"、"日"和"星期"黑色文字，如图 8.20 所示。

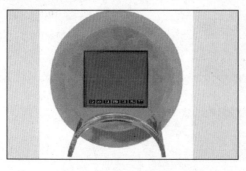

图 8.19 放置"万年历.jpg"

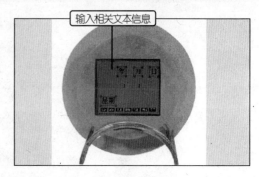

图 8.20 输入文本信息

（7）使用绘图工具在显示屏部分的空白处绘制一个用于装饰的深灰色图形，如图 8.21 所示。

（8）新建"文本"图层，选中文本工具，然后在【属性】面板中将文本类型设置为"动态文本"，使用文本工具在场景中"年"文字的左侧拖动出一个 4 个字符长度的动态文本区域（如图 8.22 所示），并将其实例名称设置为"ye"（如图 8.23 所示）。

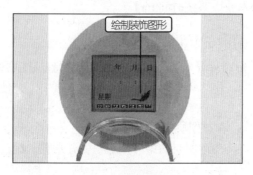

图 8.21 绘制装饰图形

图 8.22 创建动态文本区域

图 8.23 【属性】面板

（9）用同样的方法在"月"、"日"、"星期"文字以及"点"影片剪辑的相应位置拖动出相应的动态文本区域，并依次将其实例名称设置为"mo"、"da"、"wek"、"h"、"m"和"s"。

（10）新建"脚本"图层，选中第 1 帧，在【动作-帧】面板中输入以下脚本：

```
var time:Date = new Date( );                    //定义 time 对象
var year= time.getFullYear( );
ye.text=year;          //获取年份值，将其显示在舞台中的 ye 动态文本区域中
```

```
var month = time.getMonth( )+1;
mo.text=month;            //获取月份值，将其显示在舞台中的 mo 动态文本区域中
var day= time.getDate( );
da.text=day;              //获取日期值，将其显示在舞台中的 da 动态文本区域中
var hours= time.getHours( );
h.text=hours;             //获取小时值，将其显示在舞台中的 h 动态文本区域中
var minutes = time.getMinutes( );
m.text=minutes;           //获取分钟值，将其显示在舞台中的 m 动态文本区域中
var seconds = time.getSeconds( );
s.text=seconds;           //获取秒钟值，将其显示在舞台中的 s 动态文本区域中
var week = time.getDay( );
wek.text=week;            //获取星期值，将其显示在舞台中的 wek 动态文本区域中
```

说明：将月份值加上 1 之后赋值给 month 变量，是因为在 Flash CS3 中获取的月份值 0 代表 1 月，1 代表 2 月，如果直接将获取的月份值赋值给 month 变量，就会在显示时出现比当前月份少一个月的情况，因此需要为其加上 1，使其正常显示当前的月份信息。

（11）在第 2 帧插入空白关键帧，在【动作-帧】面板中输入以下脚本：

```
gotoAndPlay(1);          //跳转到第 1 帧并进行播放
```

（12）按【Ctrl+Enter】组合键测试动画，即可看到利用脚本获取系统时间的动画效果。

案例小结

　　本案例通过配合使用时间获取语句与动态文本区域制作了一个显示系统当前时间信息的动画效果。通过本案例的练习，读者应了解并掌握时间获取语句的基本应用方法。在本案例中，对时间获取语句的应用十分简单，其实，利用获取的时间信息还可以制作出功能更加强大、效果更加复杂的动画效果（如根据当前日期换算农历以及根据获取的时间信息自动更换动画的背景等），读者如有兴趣，可尝试这类实例的制作，从而提高自身对 ActionScript 脚本的应用能力。

8.4　声音控制语句

　　在 Flash CS3 中，除了利用【属性】面板对动画中声音的播放属性进行编辑和调整外，还可通过为动画添加相应的声音控制语句对动画中声音的播放、停止、音量大小以及声道切换等内容进行交互控制。

8.4.1　知识讲解

　　在 Flash CS3 中，通过添加相应的声音控制语句，可对动画中声音的播放、停止、音量大小以及声道切换等进行交互控制。在实际应用中，常用的声音控制语句主要有以下几个。

1. load

load 语句用于从指定的 URL 位置加载外部的 MP3 文件到动画中。

『语法格式』public function load(stream:URLRequest, context:SoundLoaderContext = null):void;

『参数』stream:URLRequest 表示外部 MP3 文件的 URL 位置；context:SoundLoader Context(default = null)表示 MP3 数据保留在 Sound 对象缓冲区中的最小毫秒数，在开始回放以及网络中断后继续回放之前，Sound 对象将一直等待直至至少拥有这一数量的数据为止，默认值为 1000（1 秒）。

例如，若要将与动画在同一个文件夹中的"mylove.mp3"文件加载到动画中，只需在关键帧中添加以下语句：

```
var BL = new Sound( );                              //新建 BL 声音对象
BL.load(new URLRequest("mylove.mp3"));              //加载外部的"mylove.mp3"文件
```

2. play

play 语句用于生成一个新的 SoundChannel 对象来播放指定的声音。该语句返回 Sound Channel 对象，访问该对象可停止声音并监控音量（若要控制音量、平移和平衡，请访问分配给声道的 SoundTransform 对象）。

『语法格式』function play(startTime:Number, loops:int, sndTransform:SoundTransform = null):SoundChannel;

『参数』startTime:Number(default = 0)表示开始回放的初始位置（以毫秒为单位），loops:int(default = 0)表示在声道停止回放前声音循环 startTime 值的次数，sndTransform: SoundTransform(default = null)表示分配给该声道的初始 SoundTransform 对象。

例如，若要将与动画在同一个文件夹中的"mylove.mp3"文件加载到动画中，并从开始位置播放该声音文件，只需在关键帧中添加以下语句：

```
var BL = new Sound( );                              //新建 BL 声音对象
BL.load(new URLRequest("mylove.mp3"));              //加载外部的"mylove.mp3"文件
BL.play( );                                         //播放声音
```

3. close

close 语句用于关闭通过流方式加载声音文件的流，从而停止所有数据的下载。

『语法格式』public function close( ):void;

『参数』无

例如，下面的语句表示将"mylove.mp3"文件加载到动画中，并从开始位置播放该声音文件，当单击 yclose 按钮时停止所有数据的下载。

```
var BL = new Sound( );                              //新建 BL 声音对象
BL.load(new URLRequest("mylove.mp3"));              //加载外部的"mylove.mp3"文件
BL.play( );                                         //播放声音
function tz(event:MouseEvent):void{
```

```
        SoundMixer.close( );
    }
    yclose.addEventListener(MouseEvent.CLICK,tz);
```

4. stopAll

stopAll 语句用于停止当前所有正在播放的声音。

『语法格式』public static function stopAll( ):void;

『参数』无

例如，下面的语句表示将"mylove.mp3"文件加载到动画中，并从开始位置播放该声音文件，当单击 ystop 按钮时就停止所有声音的播放。

```
var BL = new Sound( );                          //新建 BL 声音对象
BL.load(new URLRequest("mylove.mp3"));          //加载外部的"mylove.mp3"文件
BL.play( );                                     //播放声音
function tz(event:MouseEvent):void{
    SoundMixcr.stopAll( );
}
ystop.addEventListener(MouseEvent.CLICK,tz);
```

5. soundTransform

soundTransform 语句用于创建 SoundTransform 对象,并通过 SoundTransform 对象设置音量、平移、左扬声器和右扬声器的属性。

『语法格式』public function SoundTransform(vol:Number = 1, panning:Number = 0);

『参数』vol:Number(default = 1)表示音量范围，其范围为 0（静音）至 1（最大音量）；panning:Number(default = 0)表示声音从左到右的声道平移，范围为-1（左侧最大平移）至 1（右侧最大平移），值为 0 则表示没有平移（居中）。

例如，下面的语句表示当单击 ydown 按钮时，将当前的声音音量减小一半。

```
function ylj(event:MouseEvent):void{
    SoundMixer.soundTransform = new SoundTransform(0.5, 0);
}
ydown.addEventListener(MouseEvent.CLICK,ylj);
```

8.4.2 典型案例——利用脚本控制声音播放

案例目标

本案例将利用所学的声音控制语句制作一个可实现声音播放、停止以及音量和声道控制的"利用脚本控制声音播放.fla"动画，效果如图 8.24 所示。通过本案例的练习，读者应掌握 Flash CS3 中常用声音控制语句的基本用法。

素材位置：【\第 8 课\素材\】

源文件位置：【\第 8 课\源文件\利用脚本控制声音播放.fla】

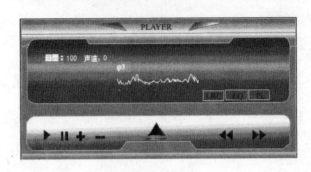

图 8.24　利用脚本控制声音播放的效果

操作思路：

（1）制作"播放器"和"信息"影片剪辑元件以及"按钮"按钮元件。

（2）将"图层 1"重命名为"播放器"，将"播放器"影片剪辑放置到该图层中。

（3）新建"信息"图层，将"信息"影片剪辑放置到该图层中。

（4）新建"按钮"图层，将制作的"按钮"按钮元件分别放置到播放器的对应按钮上；然后，新建"脚本"图层，并添加相应的声音控制脚本。

操作步骤

具体操作步骤如下：

（1）新建一个 Flash 空白文档，将其存储为"利用脚本控制声音播放.fla"。在【属性】面板中将场景尺寸设置为 400×200 像素，将背景色设置为蓝色。

（2）新建"播放器"影片剪辑元件，绘制出如图 8.25 所示的播放器图形。

（3）新建"按钮"按钮元件，在"点击"帧插入空白关键帧，然后在该帧中绘制一个红色椭圆，如图 8.26 所示。

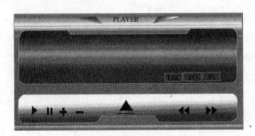

图 8.25　绘制播放器　　　　　　　图 8.26　制作按钮元件

说明： 用这种方式制作的按钮元件在动画播放时不会显示在场景中，在具备交互功能的同时不会影响场景中的画面效果。

（4）新建"信息"影片剪辑元件，将"图层 1"重命名为"声波"，选中第 1 帧，在【动作-帧】面板中输入以下脚本：

```
stop();                              //停止播放
```

（5）在第 2 帧插入空白关键帧，使用绘图工具绘制如图 8.27 所示的白色声波线条，并在第 2~25 帧之间创建声波线条向左移动的动画补间动画。然后，选中第 25 帧，在【动作-帧】面板中输入以下脚本：

```
gotoAndPlay(2);                    //跳转到第 2 帧播放
```

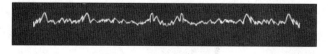

图 8.27　绘制白色声波线条

（6）新建图层，将其重命名为"文字"，在第 2 帧插入空白关键帧，使用文本工具在声波图形上方输入"One Love Blue.mp3"白色文字，如图 8.28 所示。然后，在第 2~25 帧之间创建文字向左移动的动画补间动画。

（7）新建图层，将其重命名为"遮罩"，使用矩形工具在场景中绘制一个红色矩形，如图 8.29 所示。然后，将"遮罩"图层转换为遮罩层，使其对下方的"声波"和"文字"图层进行遮罩。

图 8.28　输入文字

图 8.29　绘制遮罩用的红色矩形

（8）返回主场景，将"图层 1"重命名为"播放器"，然后从【库】面板中将"播放器"元件拖动到场景中，如图 8.30 所示。

（9）锁定"播放器"图层，新建一个图层，将其重命名为"信息"，然后使用文本工具输入"音量："和"声道："白色文字，如图 8.31 所示。

图 8.30　放置播放器

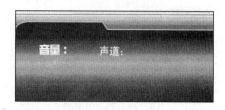

图 8.31　输入静态文字

（10）在【属性】面板中将文本类型设置为"动态文本"，使用文本工具在"音量："和"声道："文字右侧拖动出相应的动态文本区域（如图 8.32 所示），然后将其实例名称分别设置为"yl"和"sd"。

（11）从【库】面板中将"信息"影片剪辑拖动到场景中，并将其调整到合适的位置，如图 8.33 所示。

图 8.32 创建动态文本区域 　　　　　　图 8.33 放置"信息"影片剪辑

（12）选择"信息"影片剪辑，然后在【属性】面板中将其实例名称设置为"xin"，如图 8.34 所示。

（13）新建"按钮"图层，从【库】面板中将"按钮"按钮元件拖动到场景中，将其复制 5 个，然后分别放置到播放器的相应按钮上方（如图 8.35 所示），并分别设置其实例名称为"ply"、"stp"、"yup"、"ydown"、"yright"和"yleft"。

图 8.34 设置实例名称 　　　　　　　图 8.35 复制并放置按钮

（14）新建"脚本"图层，选中第 1 帧，输入以下脚本：

```
var mysound = new Sound( );
mysound.load(new URLRequest("One Love Blue.mp3"));    //加载外部声音
var ylz=1;                                            //创建音量
var yls=ylz*100;
yl.text=yls;
var sdz=0;                                            //创建声道
var sds=sdz*100;
sd.text=sds;
//播放按钮
function plyevent(event:MouseEvent):void{
    var channel:SoundChannel = mysound.play( );
    xin.gotoAndPlay(2);                              //跳转到第 2 帧播放
}
ply.addEventListener(MouseEvent.CLICK,plyevent);
//停止按钮
function stpevent(event:MouseEvent):void{
    SoundMixer.stopAll( );
    xin.stop( );                                     //停止播放
}
stp.addEventListener(MouseEvent.CLICK,stpevent);
```

```
//减小音量
function yldown(event:MouseEvent):void{
    if(ylz>0.1){
        SoundMixer.soundTransform = new SoundTransform(ylz-=0.1, 0);
    }
    yls=ylz*100;
    yl.text=yls;
}
ydown.addEventListener(MouseEvent.CLICK,yldown);
//增大音量
function ylup(event:MouseEvent):void{
    if(ylz<1){
        SoundMixer.soundTransform = new SoundTransform(ylz+=0.1, 0);
    }
    yls=ylz*100;
    yl.text=yls;
}
yup.addEventListener(MouseEvent.CLICK,ylup);
//设置右声道
function sdright(event:MouseEvent):void{
    if(sdz<1){
        SoundMixer.soundTransform = new SoundTransform(ylz, sdz+=0.1);
    }
    sds=sdz*100;
    sd.text=sds;
}
yright.addEventListener(MouseEvent.CLICK,sdright);
//设置左声道
function sdleft(event:MouseEvent):void{
    if(sdz>-1){
        SoundMixer.soundTransform = new SoundTransform(ylz, sdz-=0.1);
    }
    sds=sdz*100;
    sd.text=sds;
}
yleft.addEventListener(MouseEvent.CLICK,sdleft);
```

（15）按【Ctrl+Enter】组合键测试动画，即可看到利用声音控制脚本控制声音播放的动画效果。

案例小结

本案例通过声音控制语句与按钮元件的配合使用制作了一个可利用按钮控制声音播放属性的音乐播放器动画效果。通过本案例的练习，读者应了解并掌握 Flash CS3 中常用声音控制语句的基本应用方法。在声音控制语句的实际应用中，还可通过与相应脚本之间的配合实现更多的声音控制功能（如快进、快退以及调整声音播放进度等）。在制作本案例后，读者可尝试在此基础上添加这类控制功能，以此来提高自身对声音控制语句的应用能力。

8.5　浏览器/网络控制语句

在了解 ActionScript 脚本的基本概念并掌握 ActionScript 脚本的添加方法后，这一节将对 Flash CS3 中常用的浏览器/网络控制语句进行讲解。

8.5.1　知识讲解

当构建更复杂的 ActionScript 应用程序时，通常需要与服务器端脚本进行通信或者从外部XML文件或文本文件中加载数据。在ActionScript 3.0中，可以使用Load和URLRequest类加载外部文件。在实际应用中，常用的浏览器/网络控制语句主要有以下几个。

1. fscommand

fscommand 语句用于使当前的动画文件与 Flash Player 或承载 Flash Player 的程序（如Web 浏览器）进行通信，从而对动画的播放属性进行控制。

『语法格式』fscommand(command:String, args:String):void;

『参数』command:String 表示用于控制播放的参数，args:String 表示为该参数所指定的参数值。在 Flash CS3 的 fscommand 语句中可应用以下几个参数。

- quit: 用于关闭当前正在播放的动画文件，该参数无参数值。
- fullscreen: 用于确认是否将当前动画文件以全屏方式进行播放，其参数值为 true 或 false。将参数值指定为 true，可将动画设置为以全屏模式播放；将参数值指定为 false，可将其以标准的视图大小进行播放。
- allowscale: 用于确认播放器是否按动画文件的原始大小进行播放，且不会根据动画播放窗口大小的改变对动画文件进行缩放，其参数值为 true 或者 false。将参数值指定为 false，可设置播放器始终按动画文件的原始大小播放；将参数值指定为 true，会强制将动画文件缩放到与播放器窗口相同的大小。
- showmenu: 用于确认在动画窗口中是否启动整个上下文菜单项集合，其参数值为 true 或者 false。将参数值指定为 true，可启用整个上下文菜单单项集合；将参数值指定为 false，将隐藏除【关于 Flash Player】和【设置】外的所有上下文菜单单项。
- exec: 用于在动画文件中执行相应的程序，其参数值为该应用程序的具体路径。
- trapallkeys: 用于设置动画中的所有按键事件，其参数值为 true 或者 false。将参数值指定为true,可将所有按键事件(包括快捷键)发送到Flash Player中的onClipEvent(keyDown/keyUp)处理函数中。

例如，下面的脚本表示不对动画文件进行任何缩放，使其按照原始大小进行播放。

```
fscommand("allowscale", "false");                        //使动画文件按原始大小播放
```

2. load

load 语句用于将 SWF、JPEG、渐进式 JPEG、非动画 GIF 或 PNG 文件加载到 Loader 对象的子对象中。

『语法格式』load (request:urlrequest=null, context:loadcontext=null):void;

『参数』在 load 语句中，各参数的功能及含义如下。

● **request**：表示标识要从中加载内容的位置的 URLRequest 对象。
● **context**：表示设置加载操作上下文的 LoaderContext 对象。

例如，下面的脚本表示将 xsm.swf 文件加载到当前的动画文件中。

```
var ldr:Loader = new Loader( );
ldr.mask = rect;
var url:String = "http://www.unknown.example.com/xsm.swf";
var urlReq:URLRequest = new URLRequest(url);
ldr.load(urlReq);
addChild(ldr);
```

> **注意**：若使用相对路径加载外部 SWF 动画文件，则应将该 SWF 动画文件放置到与当前动画文件相同的文件夹中，否则将无法正常加载该动画文件。

3. unload

unload 语句用于从当前动画文件中删除通过 load 语句加载的外部文件。

『语法格式』unload( );

『参数』无

例如，下面的脚本表示将外部的 xsm.swf 动画文件加载到场景的影片剪辑中，然后删除加载的 xsm.swf 动画文件。

```
var ldr:Loader = new Loader( );
ldr.mask = rect;
var url:String = "http://www.unknown.example.com/xsm.swf";
var urlReq:URLRequest = new URLRequest(url);
ldr.load(urlReq);
addChild(ldr);
ldr.unload( );
```

4. URLRequest

URLRequest 语句用于捕获单个 HTTP 请求中的所有信息。URLRequest 对象将传递给 Loader，URLStream 和 URLLoader 类的 load( )方法和其他加载操作，以便启动 URL 下载。这些对象还将传递给 FileReference 类的 upload( )和 download( )方法。

『语法格式』URLRequest(url:String = null);

『参数』url:String 表示所请求的 URL。

例如，下面的脚本表示当单击按钮时在新的浏览器窗口中打开网易的首页。

```
function btn(event:MouseEvent):void{
    var url:String = "http://www.mzdx.net";
    var request:URLRequest = new URLRequest(url);
    navigateToURL(request);
}
bt.addEventListener(MouseEvent.CLICK,btn);
```

8.5.2 典型案例——利用脚本设置动画播放属性

案例目标

本案例将通过在"制作广告 Banner.fla"动画文件中添加浏览器/网络控制语句对该动画的播放属性进行设置，并为动画添加链接到"校园网"网站首页的功能。通过本案例的练习，应掌握常用浏览器/网络控制语句的应用，并学会为网页广告添加链接。本案例完成后的效果如图 8.36 所示。

图 8.36　利用脚本设置动画播放属性的效果

素材位置：【\第 8 课\素材\】

源文件位置：【\第 8 课\源文件\利用脚本设置动画播放属性.fla】

操作思路：

（1）打开"制作广告 Banner.fla"动画文档。

（2）在动画文档中新建"脚本"图层，并在第 1 帧中添加脚本。

（3）新建一个按钮元件，并为按钮元件添加脚本。

操作步骤

具体操作步骤如下：

（1）打开"制作广告 Banner.fla"动画文档，将其另存为"利用脚本设置动画播放属性.fla"。

（2）新建图层，将其重命名为"脚本"，选中图层的第 1 帧，在【动作-帧】面板中输入以下脚本：

```
function FSCommandExample( ){
    fscommand("allowscale", "false");    //使动画按原始大小进行播放，不进行任何缩放
}
```

（3）新建"链接按钮"按钮元件，在"点击"帧中绘制一个与场景相同大小的白色矩形。

（4）返回主场景，选中"属性设置"图层，从【库】面板中将"链接按钮"按钮元件拖动到场景中（如图 8.37 所示），并将其实例名称设置为"bt"。

图 8.37　放置按钮元件

（5）选中"脚本"图层，在【动作-帧】面板中输入以下脚本：

```
function btn(event:MouseEvent):void{
    var url:String = "http://www.mzdx.net";
    var request:URLRequest = new URLRequest(url);
    navigateToURL(request);
}
bt.addEventListener(MouseEvent.CLICK,btn);
```

（6）按【Ctrl+Enter】组合键测试动画，即可看到利用脚本设置动画播放属性的效果。

案例小结

本案例通过为"制作广告 Banner.fla"动画文件添加浏览器/网络控制语句对动画的播放属性进行设置，并为其实现了链接到网页的功能。通过本案例的练习，除应掌握本节所学语句的基本应用外，还应学会为网页广告添加链接功能的基本方法，为以后的商业动画制作打下必要的基础。

> **注意：** Flash CS3 中的 ActionScript 语句还有很多，其语法和功能也各不相同。本课中介绍的语句只是 Flash CS3 使用过程中需经常用到的语句，读者如有兴趣，可以在学习本课相关知识后，参考 Flash CS3 帮助中提供的相关内容进行学习（选择【帮助】→【Flash 帮助】命令，并在打开的【帮助】面板中选择【ActionScript 3.0 语言参考】分支）。

8.6　上 机 练 习

在学习本课知识点并通过实例演练相关的操作方法后，相信读者已经熟练掌握了本课所学 ActionScript 语句的应用方法，下面通过两个上机练习再次巩固本课所学内容。

8.6.1　利用脚本模拟下雪效果

本练习将通过利用循环/条件控制语句以及影片剪辑控制语句制作一个表现雪花下落效果的"利用脚本模拟下雪效果.fla"动画（如图 8.38 所示），主要练习 if…else 语句的应用。

图 8.38　利用脚本模拟的下雪效果

素材位置：【\第 8 课\素材\】

源文件位置：【\第 8 课\源文件\利用脚本模拟下雪效果.fla】

操作思路：

● 设置文档的场景尺寸为 750×450 像素、背景颜色为黑色。

● 新建表现雪花的"雪"图形元件，然后利用"雪"图形元件制作表现雪花左右飘动的"雪花"影片剪辑元件，并利用"雪花"影片剪辑元件制作表现雪花下落的"落雪"影片剪辑元件。

● 将"图层 1"重命名为"雪景"，并将导入的"雪景.jpg"图片放置到该图层中。

● 新建图层，将其重命名为"雪花"，将【库】面板中的"落雪"影片剪辑的连接属性类设置为"xue"。

● 新建图层，将其重命名为"脚本"，并在第 1～3 帧分别添加相应的 ActionScript 脚本。

8.6.2　利用脚本制作烟花效果

　　本练习将运用循环语句制作一个表现烟花在天空中燃放的动画效果（如图 8.39 所示），其中会用到 for 循环语句。通过本练习，读者应掌握循环语句的运用及其相关知识。

图 8.39　利用脚本制作的烟花效果

源文件位置：【\第 8 课\源文件\利用脚本制作烟花效果.fla】

操作思路:

- 设置文档的场景尺寸为 550×400 像素、背景颜色为黑色。
- 新建"烟花 1"图形元件,运用工具绘制烟花形状,然后新建"烟花 2"影片剪辑,从【库】面板中将"烟花 1"图形元件拖动到场景中。
- 新建"烟花 3"影片剪辑,将【库】面板中的"烟花 2"影片剪辑的连接属性类设置为"yh",并在时间轴中添加 ActionScript 脚本。
- 返回主场景,新建图层,将其重命名为"图层 1"~"图层 3",分别从【库】面板中将"烟花 1"~"烟花 3"拖入到舞台中,然后按【Ctrl+Enter】组合键测试动画效果。

8.7 疑难解答

问: 在脚本中为什么不能为影片剪辑设置属性?这种情况应如何处理?

答: 出现这种情况可能是因为没有为影片剪辑设置实例名称造成的,处理方法是先为影片剪辑设置实例名称。

问: 若要使制作的动画只播放一次,并在播放完成后自动关闭,应如何实现?

答: 要实现这种功能,只需要利用本课所学的 fscommand 语句即可,具体方法是在动画的最后一帧插入关键帧,然后在该帧中添加 "fscommand("quit", "");" 脚本。同理,如果要通过单击某个按钮来关闭该动画,只需在该按钮元件中添加指定的事件触发器,然后在其中添加 "fscommand("quit", "");" 脚本即可。

8.8 课后练习

1. 选择题

(1) 在下列参数中,( )表示影片剪辑透明度。

    A. scaleX   B. scaleY

    C. alpha   D. visible

(2) 在 for 语句中,condition 表示( )。

    A. 条件式   B. 变量初始值

    C. 变量更新值   D. 循环的 ActionScript 脚本

(3) 即使不满足循环条件,使用( )语句也可使循环的脚本至少执行一次。

    A. for   B. for···in

    C. while   D. do···while

(4) 用于设置声音播放声道的 ActionScript 语句是( )。

    A. play   B. close

    C. SoundMixer   D. soundTransform

2. 问答题

(1) fscommand 语句的作用是什么?该语句对应的参数有哪几个?

（2）简述 URLRequest 语句的作用，并写出其基本语法格式。

（3）写出 while 和 do…while 语句的语法格式，并简述其区别。

（4）写出 if 语句的语法格式，并解释各参数的含义。

3．上机题

（1）运用本课所学的知识，利用导入的图片素材和时间获取语句制作利用指针运动表现当前系统时间的钟表动画效果，如图 8.40 所示。

素材位置：【\第 8 课\素材】

源文件位置：【\第 8 课\源文件\钟表.fla】

提示：制作中应注意以下几点。

- 设置场景尺寸为 320×430 像素、背景色为白色。

- 新建"时针"、"分针"和"秒针"影片剪辑元件和"针轴"图形元件。

- 将"图层 1"重命名为"底座"，将导入的"底座.jpg"图片素材放置到场景中。

- 新建图层，将其重命名为"指针"，将"时针"、"分针"、"秒针"影片剪辑元件和"针轴"图形元件放置到该图层中，并为各影片剪辑添加相应的 ActionScript 脚本。

图 8.40　钟表动画效果

- 新建图层，将其重命名为"脚本"，在该图层的第 1～2 帧中添加获取时间以及根据时间信息转换各指针旋转角度的 ActionScript 脚本。

（2）运用本课所学的知识，利用脚本设置影片剪辑属性，制作表现用按钮控制小白兔移动的动画效果，如图 8.41 所示。

素材位置：【\第 8 课\素材】

源文件位置：【\第 8 课\源文件\移动小白兔.fla】

提示：制作中应注意以下几点。

- 打开"小白兔.fla"动画文档，将其另存为"移动小白兔.fla"，将"图层 1"重命名为"小白兔"，并设置影片剪辑"小白兔"的实例名称。

- 新建图层，将其重命名为"按钮"，选择【公共库】→【按钮】命令，拖入按钮，并复制 3 个，调整方向和位置，然后分别设置其实例名称。

- 新建图层，将其重命名为"脚本"，在该图层的第 1 帧中添加用按钮控制影片剪辑移动的 ActionScript 脚本。

图 8.41　移动小白兔动画效果

第 9 课
交互组件应用

本课要点

- 组件的基本概念
- Flash CS3 的常用组件
- 设置组件参数
- 组件检查器

具体要求

- 了解组件的作用以及 Flash CS3 中的组件类型
- 掌握 Flash CS3 中常用组件的应用方法
- 掌握为组件设置参数的基本方法
- 了解并掌握组件检查器的基本应用

本课导读

在 Flash CS3 中，若要使动画具备某种特定的交互功能，除了为动画中的帧、按钮或影片剪辑添加 ActionScript 脚本外，还可利用 Flash CS3 中提供的各种组件来实现：用户只需根据动画的实际情况在场景中添加相应类型的组件，并为组件添加适当的脚本即可。在制作交互动画的过程中，合理地利用组件不但可以有效地利用已有资源，还能在一定程度上提高动画的制作效率。

- Flash CS3 的常用组件：User Interface 组件的应用，包括 Button 和 RadioButton 等组件。
- 设置组件参数：设置组件名称、位置、选项以及参数值等。
- 组件检查器：显示所选组件的参数信息，以便制作者进行检查和修改。

Computer ▶▶▶▶

9.1 组件概述

组件是 Flash 动画实现交互功能的重要方式之一，在动画的交互应用中，组件通常与 ActionScript 脚本配合使用。通过对组件参数进行设置，并将组件所获取的信息传递给相应的 ActionScript 脚本，就可通过脚本执行相应的操作，从而实现最基本的交互功能。

9.1.1 知识讲解

在 Flash CS3 中，用户可根据需要为动画添加相应的组件，并通过 ActionScript 脚本使其实现特定的交互效果。学好 ActionScript 脚本和组件的基本应用，是制作 Flash 交互动画的必要前提，在本节中就将对组件的作用以及 Flash CS3 中组件的基本类型进行讲解。

1. 组件的作用

Flash CS3 中的组件可以为制作者提供大部分的交互功能。利用不同类型的组件，可以制作出简单的用户界面控件，也可以制作出包含多项功能的交互页面；同时，用户还可根据需要对组件的参数进行自定义设置，从而修改组件的外观和交互行为。组件可以让制作者无须自行构建复杂的用户界面元素并将精力浪费在类似元件的创建上，而只需通过选择相应的组件并为其添加适当的 ActionScript 脚本，即可轻松地实现所需的交互功能。

2. Flash 中的组件类型

Flash CS3 中提供了很多可实现各种交互功能的组件，根据其功能和应用范围，主要分为 User Interface 组件（用户界面组件，以下简称 UI 组件）和 Video 组件（视频组件）两大类。

- UI 组件：UI 组件主要用于设置用户交互界面，并通过交互界面使用户与应用程序进行交互操作。在 Flash CS3 中，大多数交互操作都通过这类组件实现。UI 组件主要包括 Button，CheckBox，ComboBox，RadioButton，List，TextArea 和 TextInput 等，如图 9.1 所示。
- Video 组件：Video 组件主要用于对动画中的视频播放器和视频流进行交互操作，主要包括 FLVPlayback，FLVPlaybackCaptioning，BackButton，PlayButton，SeekBar，PlayPauseButton，VolumeBar 和 FullScreenButton 等，如图 9.2 所示。

图 9.1 UI 组件

图 9.2 Video 组件

9.1.2 典型案例——打开【组件】面板查看组件类型

案例目标

本案例将打开【组件】面板，然后查看【组件】面板中的各组件类型，如图9.3所示。通过练习，掌握在 Flash CS3 中打开【组件】面板并选择相应组件的基本操作。

图9.3　查看【组件】面板中的组件

操作思路：

（1）选择相关命令，打开【组件】面板。

（2）在打开的【组件】面板中展开相应的组件类别，并查看该类别下的组件。

操作步骤

具体操作步骤如下：

（1）选择【窗口】→【组件】命令（或按【Ctrl+F7】组合键），打开【组件】面板，如图9.4所示。

（2）在打开的【组件】面板中单击【User Interface】分支左侧的⊞按钮，展开该类别，即可查看该类别下的所有组件，如图9.5所示。

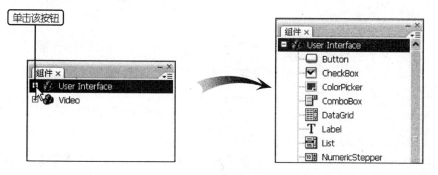

图9.4　【组件】面板　　　　图9.5　查看 User Interface 类别下的组件

（3）查看完毕后，可单击【User Interface】分支左侧的⊟按钮，关闭该类别。使用类似的方法展开其他类别，并查看该类别下的相应组件。

案例小结

本案例通过几步简单的操作练习了在 Flash CS3 中打开【组件】面板并查看组件的基本方法。在练习时，除掌握基本的操作方法外，还应尽量熟悉各组件类别下的组件名称以及各组件在该类别下的大致位置，为以后的实际应用打下必要的基础。

9.2 组件的基本应用

在了解组件的作用、类型以及【组件】面板的相关操作后，在本节中就将对 Flash CS3 中组件的基本应用进行讲解。

9.2.1 知识讲解

在 Flash CS3 中，组件的基本应用主要包括添加组件以及设置组件参数两个方面，在完成这两步操作之后，只需为组件添加相应的 ActionScript 脚本，即可实现基本的交互功能。下面就对 Flash CS3 中的常用组件、添加组件、设置组件参数以及利用组件检查器检查组件参数的方法进行详细讲解。

1．Flash 中的常用组件

在 Flash CS3 的组件类型中，Video 组件通常只在涉及到视频交互控制时才会应用，而除此之外的大部分交互操作都通过 UI 组件来实现，因此，在制作交互动画方面，UI 组件是应用最广、最常用的组件类型。Flash CS3 的常用 UI 组件包括 Button（按钮）组件、CheckBox（复选框）组件、RadioButton（单选按钮）组件、ComboBox（组合框）组件、List（列表框）组件、TextArea（文本区域）组件和 TextInput（文本字段）组件等7 种。

1）Button

Button 组件（如图 9.6 所示）主要用于激活其关联的所有鼠标和键盘交互事件，其对应参数如图 9.7 所示。

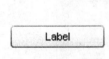

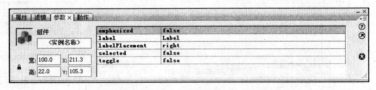

图 9.6 Button 组件　　　　　　　　图 9.7 Button 组件的对应参数

Button 组件各参数的具体功能及含义如下。

- emphasized: 用于为按钮添加自定义图标，获取或设置一个布尔值，指示当按钮处于弹起状态时 Button 组件周围是否会有边框。
- label: 用于设置按钮的名称，其默认值为 Label。
- labelPlacement: 用于确定按钮上的文本相对于图标的方向，具有 left，right，top 和 bottom 4 个值，默认值为 right。

- **selected:** 用于根据 toggle 的值设置按钮被按下还是被释放。若 toggle 的值为 true，则表示按下；若 toggle 的值为 false，则表示释放。默认值为 false。
- **toggle:** 用于确定是否将按钮转变为切换开关。若要让按钮按下后马上弹起，则将其值设置为 false；若要让按钮在按下后保持按下状态，直到再次按下时才回到弹起状态，则将其值设置为 true。默认值为 false。

2）CheckBox

CheckBox 组件用于设置一系列选择项目，并可同时选取多个项目，以此对指定对象的多个数值进行获取或设置，如图 9.8 所示。CheckBox 组件的对应参数如图 9.9 所示。

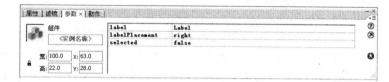

图 9.8　CheckBox 组件　　　　　　　　图 9.9　CheckBox 组件的对应参数

CheckBox 组件各参数的具体功能及含义如下。

- **label:** 用于设置 CheckBox 组件显示的内容，默认值为 Label。
- **labelPlacement:** 用于确定 CheckBox 组件上标签文本的方向，具有 left，right，top 和 bottom 4 个值，默认值为 right。
- **selected:** 用于确定 CheckBox 组件的初始状态为选中（true）或未选中（false），默认值为 false。

3）ComboBox

ComboBox 组件的作用与对话框中的下拉列表框类似（如图 9.10 所示），单击下拉按钮，就可弹出下拉列表并显示相应的选项，通过选择选项获取所需的数值。ComboBox 组件的对应参数如图 9.11 所示。

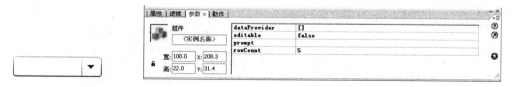

图 9.10　ComboBox 组件　　　　　　　图 9.11　ComboBox 组件的对应参数

ComboBox 组件各参数的具体功能及含义如下。

- **dataProvider:** 用于设置相应的数据，并将其与 ComboBox 组件中的项目相关联。
- **editable:** 用于确定是否允许用户在 ComboBox 组件中输入文本。若允许输入，则选择 true；若不允许输入，则选择 false。默认值为 false。
- **prompt:** 用于设置 ComboBox 组件的项目名称。
- **rowCount:** 用于确定不使用滚动条时下拉列表中最多可以显示的项目数量，默认值为 5。

4) RadioButton

RadioButton 组件用于设置一系列选择项目,并通过选择其中的某一个项目获取所需的数值,如图 9.12 所示。RadioButton 组件的对应参数如图 9.13 所示。

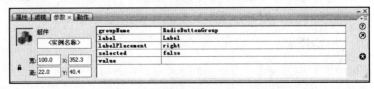

图 9.12 RadioButton 组件   图 9.13   RadioButton 组件的对应参数

RadioButton 组件各参数的具体功能及含义如下。

- **groupName:** 用于指定该 RadioButton 组件所属的项目组,项目组由该参数相同的所有 RadioButton 组件组成,在同一项目组中只能选择一个 RadioButton 组件,并返回该组件的值。
- **label:** 用于设置 RadioButton 组件的文本内容,其默认值是 Label。
- **labelPlacement:** 用于确定 RadioButton 组件标签文本的方向,主要有 left,right,top 和 bottom 4 个值,默认值为 right。
- **selected:** 用于确定 RadioButton 组件的初始状态是否为选中,true 表示选中,false 表示未选中,默认值为 false。
- **value:** 用于设置 RadioButton 组件的对应值,默认值是 null。

5) List

List 组件主要用于创建一个可滚动的单选或多选列表框,如图 9.14 所示,并通过选择列表框中显示的图形或其他组件获取所需的数值。List 组件的对应参数如图 9.15 所示。

图 9.14   List 组件   图 9.15   List 组件的对应参数

List 组件各参数的具体含义如下。

- **allowMultipleSelection:** 用于指定在 List 组件中是否可同时选择多个选项。如果值为 true,则表示可以通过按住【Shift】键来选择多个选项。默认值为 false。
- **dataProvider:** 用于设置相应的数据,并将其与 List 组件中的选项相关联。
- **horizontalLineScrollSize:** 用于设置当单击列表框中的水平滚动箭头时在水平方向上滚动的内容量,以像素为单位,默认值为 4。
- **horizontalPageScrollSize:** 用于设置按滚动条轨道时水平滚动条上的滚动滑块移动的像素数。当值为 0 时,该参数检索组件的可用宽度。默认值为 0。
- **horizontalScrollPolicy:** 用于设置 List 组件中的水平滚动条是否始终打开,有 on,off 和 auto 共 3 个值,默认值为 auto。

- verticalLineScrollSize: 用于设置当单击列表框中的垂直滚动箭头时在垂直方向上滚动的内容量, 以像素为单位, 默认值为 4。
- verticalPageScrollSize: 用于设置按滚动条轨道时垂直滚动条上的滚动滑块移动的像素数。当值为 0 时, 该参数检索组件的可用宽度。默认值为 0。
- verticalScrollPolicy: 用于设置 List 组件中的垂直滚动条是否始终打开, 有 on, off 和 auto 共 3 个值, 默认值为 auto。

6) TextArea

TextArea 组件主要用于显示或获取动画中所需的文本。在交互动画中需要显示或获取多行文本字段的任何地方, 都可使用 TextArea 组件来实现, 如图 9.16 所示。TextArea 组件的对应参数如图 9.17 所示。

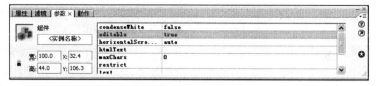

图 9.16　TextArea 组件　　　　　　　　图 9.17　TextArea 组件的参数

TextArea 组件主要参数的具体含义如下。

- condenseWhite: 用于设置是否从包含 HTML 文本的 TextArea 组件中删除多余的空白。在 Flash CS3 中, 空格和换行符都属于组件中的多余空白。值为 true 时, 表示删除多余的空白; 值为 false 时, 表示不删除多余空白; 默认值为 false。
- editable: 用于设置是否允许用户编辑 TextArea 组件中的文本。值为 true 时, 表示用户可以编辑 TextArea 组件所包含的文本; 值为 false 时, 表示不能进行编辑; 默认值为 true。
- horizontalScrollPolicy: 用于设置 TextArea 组件中的水平滚动条是否始终打开, 有 on, off 和 auto 共 3 个值, 默认值为 auto。
- htmlText: 用于设置或获取 TextArea 组件中文本字段所含字符串的 HTML 表示形式, 默认值为空。
- maxChars: 用于设置用户可以在 TextArea 组件中输入的最大字符数。
- restrict: 用于设置 TextArea 组件可从用户处接受的字符串。如果此参数的值为 null, 则 TextArea 组件会接受所有字符; 如果此参数值为空字符串 (" "), 则不接受任何字符; 默认值为 null。
- verticalScrollPolicy: 用于设置 TextArea 组件中的垂直滚动条是否始终打开, 有 on, off 和 auto 共 3 个值, 默认值为 auto。
- wordWrap: 用于设置文本是否在行末换行。若值为 true, 表示文本在行末换行; 若值为 false, 则表示文本不换行; 默认值为 true。

7) TextInput

TextInput 组件主要用于显示或获取动画中所需的文本, 如图 9.18 所示。与 TextArea

组件不同的是：TextInput 组件只用于显示或获取交互动画中的单行文本字段。TextInput 组件的对应参数如图 9.19 所示。

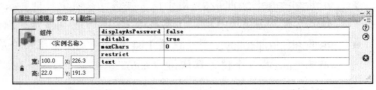

图 9.18　TextInput 组件　　　　　　　　图 9.19　TextInput 组件的参数

TextInput 组件主要参数的具体含义如下。

- **restrict**：用于设置 TextInput 组件可从用户处接受的字符串。需要注意的是：未包含在字符串中的、以编程方式输入的字符也会被 TextInput 组件所接受。如果此参数的值为 null，则 TextInput 组件会接受所有字符；若将其值设置为空字符串（""），则不接受任何字符；默认值为 null。

- **text**：用于获取或设置 TextInput 组件中的字符串。此参数包含无格式文本，不包含 HTML 标签。若要检索格式为 HTML 的文本，应使用 TextArea 组件的 htmlText 参数。

2．添加组件的方法

下面，以在动画场景中添加 ComboBox 组件为例，对 Flash CS3 中添加组件的方法进行讲解。具体操作步骤如下：

（1）选择【窗口】→【组件】命令（或按【Ctrl+F7】组合键），打开【组件】面板。

（2）在打开的【组件】面板中单击【User Interface】分支左侧的⊞按钮，展开该类别。

（3）在 User Interface 类别下选中 ComboBox 组件，如图 9.20 所示。

（4）按住鼠标左键，将 ComboBox 组件拖动到场景中，如图 9.21 所示。

图 9.20　选中 ComboBox 组件　　　　图 9.21　放置 ComboBox 组件

（5）将 ComboBox 组件放置到适当位置后，释放鼠标左键，完成组件的添加。

3．设置组件参数的方法

在场景中添加组件后，还需要根据动画的实际情况对组件的参数进行设置。下面，以 ComboBox 组件为例，对 Flash CS3 中设置组件参数的方法进行讲解。操作步骤如下：

（1）在场景中选中添加的 ComboBox 组件。

（2）打开【参数】面板，即可看到 ComboBox 组件的对应参数，如图 9.22 所示。

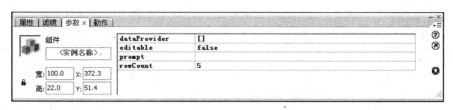

图 9.22 查看组件的对应参数

（3）选中 dataProvider 参数，然后单击文本框右侧的 🔍 按钮，打开【值】对话框。单击 ➕ 按钮添加新值，将 label 值设为"汽车"，将 data 值设为"car"。用同样的方法添加"摩托车"、"飞机"和"轮船"选项，如图 9.23 所示。单击 ⬜确定⬜ 按钮，确认数值并关闭【值】对话框。

（4）选中 editable 参数，将其值设置为"false"。然后，选中 prompt 参数，将其值设置为"选择图片"（如图 9.24 所示）。

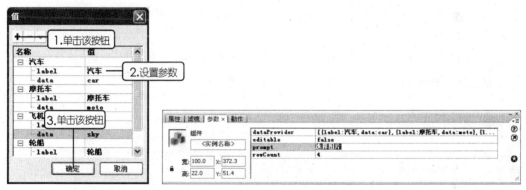

图 9.23 为组件添加值　　　　　　　　图 9.24 输入项目内容

（5）选中 rowCount 参数，将其值设置为 4。在场景中单击鼠标左键，完成参数设置，此时场景中的 ComboBox 组件如图 9.25 所示。

图 9.25 设置参数后的 ComboBox 组件

4．组件检查器

组件检查器用于显示和设置所选组件的参数信息。在组件较多的情况下，使用组件检查器可以快速地对组件的参数信息进行检查和修改，从而提高动画制作的效率。具体操作步骤如下：

（1）选择【窗口】→【组件检查器】命令（或按【Alt+F7】组合键），打开【组件检查器】面板，如图 9.26 所示。

（2）在场景中选中要检查的组件，此时在【组件检查器】面板的【参数】选项卡中将显示该组件的相关参数设置信息，如图 9.27 所示。在其中选中某个参数项目，即可对其进行修改。

图 9.26　【组件检查器】面板　　　　图 9.27　查看组件参数

（3）在【绑定】和【架构】选项卡中可查看该组件绑定数据的相关信息，若没有绑定数据，则选项卡为空。

（4）检查完毕后，单击右上角的⊠按钮，关闭【组件检查器】面板。

9.2.2　典型案例——利用组件获取学生信息

案例目标

本案例将利用前面所学的常用组件制作一个具有信息收集功能的"利用组件获取学生信息.fla"动画，如图 9.28 所示。通过本案例的练习，应掌握 Flash CS3 中常用组件的应用以及结合 ActionScript 脚本实现特定功能的基本思路和方法。

图 9.28　"利用组件获取学生信息"动画的效果

源文件位置：【\第 9 课\源文件\利用组件获取学生信息.fla】

操作思路：

（1）将"图层 1"重命名为"背景"，输入相应的文字信息，并创建动态文本区域。

（2）新建"组件"图层，添加 ComboBox 和 RadioButton 组件并为其设置参数。

（3）新建"按钮脚本"图层，添加 Button 组件，并为其添加相应的 ActionScript 脚本。

操作步骤

具体操作步骤如下：

（1）新建一个 Flash 空白文档，将其存储为"利用组件获取学生信息.fla"。在【属性】面板中将场景尺寸设置为 470×220 像素，将背景色设置为白色。

（2）将"图层 1"重命名为"背景"，使用矩形工具在场景中绘制如图 9.29 所示的矩形。然后，使用文本工具在矩形中输入"STU"和"获取学生信息"文字，如图 9.30 所示。

图 9.29 绘制矩形   图 9.30 输入文字信息

（3）用同样的方法在场景中的适当位置输入"请填写您的详细信息"、"学生姓名："、"学生学号："、"政治面貌："、"学生性别："以及"自我介绍："等文字，并绘制一条紫色线条，如图 9.31 所示。

图 9.31 输入文字并绘制线条

（4）选中文本工具，在【属性】面板中将文本类型设置为"输入文本"，并将实例名称设置为"xm"，然后对字体、字号和颜色进行适当设置，如图 9.32 所示。

图 9.32 设置文本属性

（5）使用文本工具在"学生姓名："文字右侧拖动出一个文本输入区域，然后用同样的方法在"学生学号："右侧和"自我介绍："文字下方拖动出类似的文本输入区域（如图 9.33 所示），并将其实例名称分别设置为"xh"和"ashow"。

图 9.33　创建文本输入区域

（6）参照文本输入区域的大小和位置，在文本输入区域中绘制黑色边框的浅绿色矩形，如图 9.34 所示，使文本输入区域中的文本内容能够更醒目地显示在场景中。

图 9.34　绘制矩形

（7）在第 2 帧插入空白关键帧，将第 1 帧中的标题复制到第 2 帧中，输入"获取的学生信息"文字，在其下方绘制动态文本区域，将其实例名称设置为"aresult"，并在其中绘制矩形，如图 9.35 所示。

图 9.35　创建动态文本区域并绘制矩形

（8）新建"组件"图层，在【组件】面板中展开 User Interface 类别，选择 ComboBox 组件，然后按住鼠标左键将其拖动到场景中。

（9）在场景中选中 ComboBox 组件，在【参数】面板中将其实例名称设置为"zzmm"，并对其参数进行如图 9.36 所示的设置。

图 9.36　设置 ComboBox 组件的参数

（10）将设置好的 ComboBox 组件放置到"政治面貌："文字的右侧，如图 9.37 所示。

图 9.37　放置 ComboBox 组件

（11）在 User Interface 类别下选中 RadioButton 组件，按住鼠标左键将其拖动到场景中，然后将其复制 1 个。

（12）选中 RadioButton 组件，在【参数】面板中对其参数进行如图 9.38 所示的设置（将 groupName 的值都设置为"sex"，将 label 的值分别修改为"男"和"女"）。

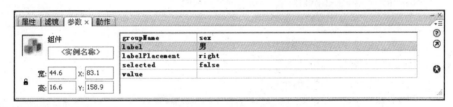

图 9.38　设置 RadioButton 组件的参数

（13）将 RadioButton 组件分别放置到"学生性别："文字的右侧，如图 9.39 所示。

图 9.39　放置 RadioButton 组件

（14）在 User Interface 类别下选中 Button 组件，按住鼠标左键将其拖动到场景中，然后将其实例名称设置为"onclick"，并对其参数进行如图 9.40 所示的设置。

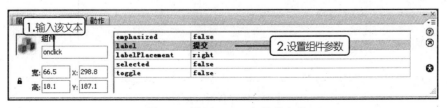

图 9.40　设置 Button 组件的参数

（15）将 Button 组件放置到场景的下方，如图 9.41 所示。

图 9.41　放置 Button 组件

（16）新建"按钮脚本"图层，选中第 1 帧，在【动作-帧】面板中输入以下脚本：

```
stop( );
var sect:String=" ";
var temp:String="";
function resulttext(event:MouseEvent):void {
    if (man.selected)
        {sect+=man.value;}
    else if (woman.selected)
        {sect+=woman.value;}
    temp="姓名:"+xm.text+"\r 学号: "+xh.text+"\r 性别: "+sect+"\r 政治面貌:
"+zzmm.text +"\r 你的自我介绍: "+ashow.text;                    //取得当前的数据
    gotoAndStop(2);
}
onclick.addEventListener(MouseEvent.CLICK,resulttext);
```

（17）在第 2 帧插入空白关键帧，在 User Interface 类别下选中 Button 组件，按住鼠标左键将其拖动到场景中。

（18）选中 Button 组件，将其移到场景右侧，将其实例名称设置为"onclick1"，并将其 label 参数的值设置为"确定信息"，如图 9.42 所示。选中第 2 帧，在【动作-帧】面板中输入以下脚本：

图 9.42　放置 Button 组件

```
aresult.text=temp;
stop( );
function backclickHandler(event:MouseEvent):void {
    gotoAndStop(1);
}
onclick1.addEventListener(MouseEvent.CLICK, backclickHandler);
```

（19）按【Ctrl+Enter】组合键测试动画，即可看到利用脚本获取用户信息的动画效果。

案例小结

本案例通过利用 Button，RadioButton 和 ComboBox 组件并结合相应的 ActionScript 脚本实现了对用户输入信息的获取功能。在制作本案例的过程中，除了掌握这几种常用组件的基本应用外，还应了解 ActionScript 脚本的大致含义，以及如何将所用组件与 ActionScript 脚本相关联。除此之外，读者还可尝试利用 TextInput 和 CheckBox 组件代替本案例中的动态文本区域和 RadioButton 组件，从而对其进行有针对性的练习。

9.3 上机练习

在学习本课知识点并通过实例演练相关的操作方法后，相信读者已经熟练掌握了相关组件的应用方法，下面通过两个上机练习再次巩固本课所学内容。

9.3.1 利用组件实现背景选择

本练习结合本课所学的内容，利用 ComboBox 组件配合 ActionScript 脚本制作一个可以通过下拉列表框选择动画背景的"利用组件实现背景选择.fla"动画，效果如图 9.43 所示。

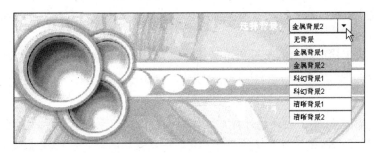

图 9.43　利用组件选择背景的效果

素材位置：【\第 9 课\素材\】
源文件位置：【\第 9 课\源文件\利用组件实现背景选择.fla】
操作思路：

● 设置文档的场景尺寸为 550×200 像素、背景颜色为深灰色。
● 将"图层 1"重命名为"背景"，将导入的图片素材分别放置到第 2～7 帧中，并为各帧添加"stop( );"脚本。

● 新建图层，将其重命名为"组件"，将 ComboBox 组件放置到场景中，并为其设置参数，然后在第 1 帧中添加适当的 ActionScript 脚本。

9.3.2 利用组件制作 IQ 测试动画

本练习将利用 Flash CS3 中的 RadioButton 和 Button 组件配合 ActionScript 脚本制作一个具有简单 IQ 测试功能的"利用组件制作 IQ 测试.fla"动画效果，如图 9.44 所示。

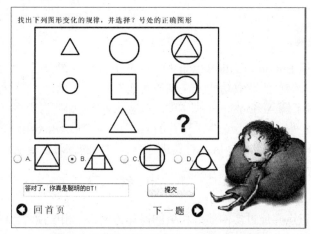

图 9.44　利用组件制作的 IQ 测试动画效果

素材位置：【\第 9 课\素材\】
源文件位置：【\第 9 课\源文件\利用组件制作 IQ 测试.fla】
操作思路：

● 设置文档的场景尺寸为 500×370 像素、背景颜色为白色。
● 导入所需的图片素材，并将导入的素材放置到场景中作为背景。
● 新建"问题"图层，使用文本工具和绘图工具在场景中输入相应的文字并绘制问题图形。
● 在各关键帧中添加需要用到的组件，设置各组件的参数，并添加相应的脚本。

9.4　疑 难 解 答

问：在 Flash CS3 中，组件的外观可以修改吗？修改的方法是怎样的？
答：在 Flash CS3 中，可以修改组件外观，方法是：将一个组件从【组件】面板中拖动到舞台上，双击打开其外观调色板，双击某一项外观，然后在元件编辑模式下打开它进行颜色和外形的设置即可。

问：在 Flash CS3 中，怎样为组件绑定数据？
答：数据绑定就是一个获得信息、将其添加到组件并用有效的方式显示信息或处理数据的过程。组件的数据绑定是 Flash CS3 的一个亮点，DataProvider 是可以用来向 ComboBox，

DataGrid，List 和 TileList 组件提供数据的数据源。下面，以为 List 组件和 DateChooser 组件进行数据绑定为例对数据绑定的方法进行讲解。

　　下面的示例用若干孩子的姓名及生日填充由仅包含一列的若干行组成的 List 组件。此示例在 items 数组中定义列表，并在创建 DataProvider 实例（new DataProvider(items)）时将它作为参数提供，从而将它赋给此 List 组件的 dataProvider 属性。

```
import fl.controls.List;
import fl.data.DataProvider;
var aList:List = new List( );
var items:Array = [
{label:"David", data:"11/19/1995"},
{label:"Colleen", data:"4/20/1993"},
{label:"Sharon", data:"9/06/1997"},
{label:"Ronnie", data:"7/6/1993"},
{label:"James", data:"2/15/1994"},
];
aList.dataProvider = new DataProvider(items);
addChild(aList);
aList.move(150,150);
```

9.5　课后练习

1. 选择题

（1）在 Flash CS3 中，不是 UI 组件的组件是（　　　）。

　　A．CheckBox 组件　　　　　　　　　B．RadioButton 组件

　　C．FLVPlayback 组件　　　　　　　　D．TextArea 组件

（2）在 CheckBox 组件中，label 参数用于设置（　　　）。

　　A．组件显示的内容　　　　　　　　　B．组件的初始状态

　　C．标签文本的方向　　　　　　　　　D．组件的对应值

（3）打开【组件】面板的快捷键是（　　　）。

　　A．【Ctrl+F9】　　　　　　　　　　　B．【Ctrl+F7】

　　C．【Alt+F7】　　　　　　　　　　　　D．【Ctrl+F5】

（4）若要为组件绑定数据，应首先为当前组件设置（　　　）。

　　A．属性　　　　　　　　　　　　　　　B．label 参数

　　C．ActionScript 脚本　　　　　　　　D．实例名称

2. 问答题

（1）Flash CS3 中的组件包括哪几类？简述各类组件的功能和含义。

（2）简述 ComboBox 组件的作用，并说出其对应参数的含义。

（3）简述在 Flash CS3 中设置组件参数的基本方法。

3. 上机题

利用 RadioButton，List，ComboBox 和 Button 等组件配合 ActionScript 脚本制作一个用于信息调查的"漫画问卷调查"动画，如图 9.45 所示。通过练习，掌握并巩固 Flash CS3 中常用组件的应用方法和技巧。

图 9.45 "漫画问卷调查"动画的效果

素材位置：【\第 9 课\素材\】

源文件位置：【\第 9 课\源文件\漫画问卷调查.fla】

提示：制作中应注意以下几点。

- 设置场景尺寸为 700×460 像素、背景色为白色。
- 导入所需的图片素材，并将导入的素材放置到场景中作为背景，使用文本工具在场景中输入相应的文字。
- 将组件放置到场景中，并设置各组件的参数。
- 为第 1 帧添加相应的 ActionScript 脚本。

第 **10** 课
动画测试与发布

本课要点
- 测试动画
- 导出动画
- 发布动画

具体要求
- 掌握测试动画的基本方法
- 掌握导出动画中图形、声音以及动画片段的方法
- 掌握设置发布属性并发布动画的基本方法

本课导读

在制作一个完整的动画作品后，为了确保动画的最终质量，需要对动画做必要的测试。通过测试动画并适当调整动画，就可根据设置的参数发布动画了。除此之外，制作者还可根据需要将动画中的声音或图形等动画要素以指定的文件格式导出，以便将其作为素材或单独的文件进行应用。

- 测试动画：测试动画的播放质量，设置带宽模拟动画下载状态。
- 导出动画：将动画中的声音、图形或动画片段保存为其他文件格式。
- 发布动画：设置动画的发布属性，并根据所做的设置发布动画。

10.1 测试与导出动画

当一个完整的动画制作完成后，就可进入动画的测试环节。通过对动画进行必要的测试，确定动画是否达到预期的效果，并检查动画中出现的明显错误，以及根据模拟不同的网络带宽对动画的加载和播放情况进行检测，从而确保动画的最终质量。

10.1.1 知识讲解

在 Flash CS3 中，动画的测试主要包括查看动画的画面效果、检查是否出现明显错误、模拟下载状态以及对动画中添加的 ActionScript 脚本进行调试等内容。下面就对 Flash CS3 中测试动画以及导出动画要素的基本方法进行讲解。

1．测试动画

在 Flash CS3 中，测试动画的具体操作步骤如下：

（1）打开需要测试的动画文件（以第 8 课制作的"利用脚本设置动画播放属性.fla"为例），选择【控制】→【测试】命令（或按【Ctrl+Enter】组合键），打开动画测试窗口，在该窗口中可查看动画的实际播放状态，如图 10.1 所示。

图 10.1 打开动画测试窗口

（2）在测试窗口中选择【视图】→【下载设置】命令，在打开的菜单中选择一种带宽类型，如图 10.2 所示。然后，选择【视图】→【模拟下载】命令，对设置带宽下动画的下载情况进行模拟测试。

> **注意：** 若选择【视图】→【下载设置】→【自定义】命令，可打开【自定义下载设置】对话框，对下载带宽做更为详尽的自定义设置，如图 10.3 所示。

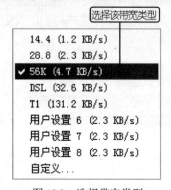

图 10.2 选择带宽类型

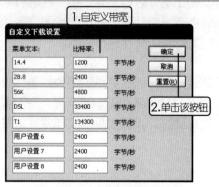

图 10.3 设置自定义带宽

（3）在测试窗口中选择【视图】→【带宽设置】命令，然后选择【视图】→【数据流图表】命令，可打开带宽数据流显示图表，在该图表中可查看下载和播放动画时的带宽使用情况，如图 10.4 所示。

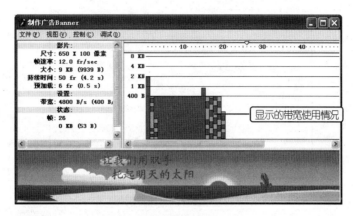

图 10.4　查看带宽使用情况

在如图 10.4 所示的图表中，各部分的功能及含义如下。

- **影片**：显示动画的总体属性，包括场景的尺寸、帧频、文件大小、播放持续时间和预先加载时间等属性信息。
- **设置**：显示当前的带宽信息。
- **状态**：显示当前帧号、该帧数据大小及已经载入的帧数和数据量。
- **右侧图表**：在右侧图表中，每个交错的浅色和深色的方块表示动画的帧，方块的大小表示该帧所含数据量的多少，若方块超出了红线则表示该帧的数据量超出了限制。

（4）选择【视图】→【帧数图表】命令，打开帧数显示图表，在该图表中可查看各帧中的数据使用情况，如图 10.5 所示。

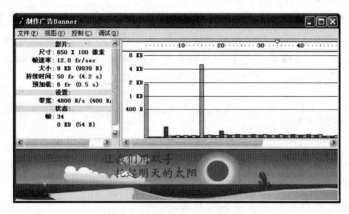

图 10.5　查看帧中的数据使用情况

注意：【数据流图表】和【帧数图表】命令只有在【视图】→【带宽设置】命令被选中后才能选择。

（5）查看相关信息后，关闭测试窗口，然后在主菜单中选择【控制】→【调试影片】

命令，打开调试器面板，在该面板中可对动画中添加的 ActionScript 脚本的执行情况进行查看，如图 10.6 所示。

图 10.6　查看脚本执行情况

> **注意：** 在调试器面板中可以为 ActionScript 脚本设置断点、执行单步播放以及查看各种属性和变量等。若动画中没有添加 ActionScript 脚本，可忽略这一步的测试。

（6）查看脚本执行情况后，关闭调试器面板，完成对动画的测试。

2．导出动画

若要将动画中的声音、图形或某一个动画片段保存为指定的文件格式，可利用动画导出功能导出该文件。

1）导出图形

在 Flash CS3 中，导出图形的具体操作步骤如下：

（1）在场景或某一帧中选中要导出的图形。

（2）选择【文件】→【导出】→【导出图像】命令，打开【导出图像】对话框。

（3）在【保存在】下拉列表框中指定保存导出图形文件的路径，在【文件名】文本框中输入文件名称，在【保存类型】下拉列表框中选择保存图形的文件格式。

（4）单击 保存(S) 按钮，将图形导出为指定的图形文件。

> **注意：** 将 Flash 图形保存为 GIF，JPEG，PICT（Macintosh）或 BMP（Windows）文件时，图形会丢失其矢量信息，仅保存像素信息。

2）导出声音

在 Flash CS3 中，导出声音的具体操作步骤如下：

（1）选中某一帧或场景中要导出的声音。

（2）选择【文件】→【导出】→【导出影片】命令，打开【导出影片】对话框。

（3）在【保存在】下拉列表框中指定保存导出声音文件的路径，在【文件名】文本框中输入文件名称，在【保存类型】下拉列表框中选择【WAV 音频（*.wav）】选项。

（4）单击 保存(S) 按钮，打开【导出 Windows WAV】对话框，在【声音格式】下拉

列表框中选择一种声音格式，如图 10.7 所示。

图 10.7 选择声音格式

（5）单击 确定 按钮，按设置的格式将声音导出为指定的声音文件。

3）导出动画片段

在 Flash CS3 中，导出动画片段的具体操作步骤如下：

（1）选中要导出的动画片段。

（2）选择【文件】→【导出】→【导出影片】命令，打开【导出影片】对话框。

（3）在该对话框的【保存在】下拉列表框中指定保存导出影片文件的路径，在【文件名】文本框中输入文件名称，在【保存类型】下拉列表框中选择需要的影片类型（如 AVI）。

（4）单击 保存(S) 按钮，打开【导出 Windows AVI】对话框，在该对话框中对导出影片的尺寸、视频格式以及声音格式等进行设置，如图 10.8 所示。

注意：在单击 保存(S) 按钮后，Flash CS3 会根据选择的不同影片类型打开与之对应的对话框。

（5）单击 确定 按钮，打开【视频压缩】对话框，在该对话框中对视频压缩程序和压缩质量进行设置，如图 10.9 所示。

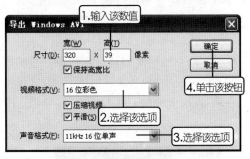

图 10.8 设置视频属性

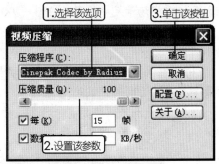

图 10.9 设置压缩属性

注意：在【导出 Windows AVI】对话框中若未选中 ☑压缩视频 复选框，则不会打开【视频压缩】对话框，而是直接导出影片文件。

（6）单击 确定 按钮，将选中的动画片段导出为指定的影片文件。

10.1.2 典型案例——将动画导出为 GIF 图片

案例目标

本案例将制作一个简单的逐帧动画，然后将制作的逐帧动画导出为 GIF 图片，如图 10.10

所示。通过本案例，练习并掌握在 Flash CS3 中导出动画的基本方法。

图 10.10   导出的 GIF 图片效果

源文件位置：【\第 10 课\源文件\将动画导出为 GIF 图片.fla】

操作思路：

（1）新建一个 Flash 文档，设置场景大小和背景颜色。

（2）制作用于表现人物动作、文字和背景变化的逐帧动画。

（3）将制作的逐帧动画导出为 GIF 图片。

操作步骤

具体操作步骤如下：

（1）新建一个 Flash 空白文档，将其存储为 "将动画导出为 GIF 图片.fla"。在【属性】面板中将场景尺寸设置为 250×200 像素，将背景色设置为绯红色。

（2）将 "图层 1" 重命名为 "线条"，使用线条工具在场景中绘制多个白色线条，如图 10.11 所示。

（3）在第 2～4 帧依次插入空白关键帧，并在各帧中绘制类似的白色线条，使其表现出线条运动的逐帧动画效果。

（4）新建图层，将其重命名为 "动画"，在第 1 帧中绘制卡通人物图形，如图 10.12 所示。

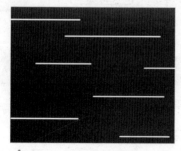

图 10.11   绘制白色线条

图 10.12   绘制卡通人物图形

（5）将第 1 帧分别复制到第 2～4 帧，然后对各关键帧中的卡通人物图形的形状和位置进行适当的修改，如图 10.13、图 10.14 和图 10.15 所示，使其表现出相应的动画效果。

图 10.13　第 2 帧的卡通图形

图 10.14　第 3 帧的卡通图形

图 10.15　第 4 帧的卡通图形

（6）新建图层，将其重命名为"文字"，使用文本工具在场景中分别输入"向"、"前"、"冲"、"！"和"！"文字，并分别调整各文字在场景中的位置和大小，如图 10.16 所示。

（7）在第 3 帧插入关键帧，然后对该帧中的文字进行适当的调整（如图 10.17 所示），使其出现文字缩放的动画效果。

图 10.16　输入文字

调整文字大小和位置
图 10.17　调整文字

（8）按【Ctrl+Enter】组合键测试动画，查看动画播放效果，确认无误后，选择【文件】→【导出】→【导出影片】命令，打开【导出影片】对话框。

（9）在【导出影片】对话框中设置保存导出文件的路径，将导出文件的名称设置为"我怒了！"，将导出文件的格式设置为"GIF"，然后单击 保存(S) 按钮。

（10）在打开的【导出 GIF】对话框中进行如图 10.18 所示的设置。

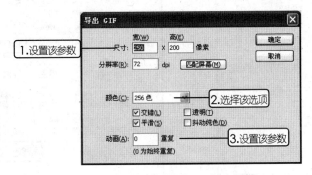
图 10.18　设置 GIF 导出属性

（11）单击 确定 按钮，将动画按设定的参数导出为 GIF 图片。

Computer

案例小结

本案例通过将制作的逐帧动画导出为 GIF 图片练习了在 Flash CS3 中导出动画片段的基本方法。本案例的制作十分简单，只需对其中导出图片的相关操作进行重点练习即可。在练习本案例之后，还可试着将本案例中的动画导出为其他文件格式，以练习不同文件格式的导出操作。除此之外，还可通过调整相同文件格式的导出参数，然后仔细观察导出文件之间的区别，来体会各参数的具体功能和含义。

10.2　发　布　动　画

在对动画进行相关的测试之后，即可设置动画发布参数并发布动画。本节就将对在 Flash CS3 中发布动画的相关知识进行讲解。

10.2.1　知识讲解

在 Flash CS3 中，动画的发布包括设置发布参数、预览发布效果以及发布动画 3 个方面。

1. 设置发布参数

设置发布参数，可以对动画的发布格式和发布质量等进行设置。在 Flash CS3 中，设置发布参数的具体操作步骤如下：

（1）选择【文件】→【发布设置】命令，打开如图 10.19 所示的【发布设置】对话框。

（2）在【格式】选项卡中选中相应的复选框，对动画的发布格式进行设置。

（3）单击【Flash】选项卡，在该选项卡中对 Flash 的格式进行相应的参数设置，如图 10.20 所示。

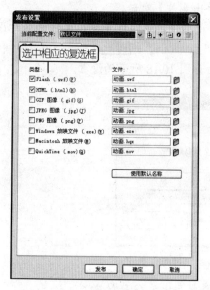

图 10.19　设置发布格式

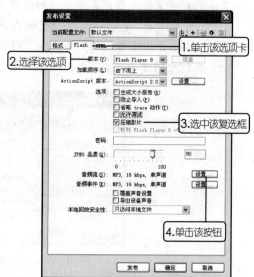

图 10.20　设置 Flash 发布参数

在【Flash】选项卡中，各主要参数的具体功能和含义如下。

- **【版本】下拉列表框**：用于设置 Flash 动画的发布版本。
- **【加载顺序】下拉列表框**：用于设置动画的载入方式，包括【由上而下】和【由下而上】两个选项。
- **【ActionScript 版本】下拉列表框**：用于设置发布动画的 ActionScript 版本。
- ☑**生成大小报告 (R) 复选框**：用于创建一个文本文件，记录最终动画文件的大小。
- ☑**防止导入 (P) 复选框**：用于保护动画内容，防止发布的动画被他人非法应用和编辑。
- ☑**省略 trace 动作 (T) 复选框**：用于忽略当前动画中的跟踪命令。
- ☑**允许调试 复选框**：选中该复选框后，允许对动画进行调试。
- ☑**压缩影片复选框**：用于压缩发布的动画文件，以减小文件的大小。
- **【密码】文本框**：用于设置打开动画文档的密码。
- **【JPEG 品质】栏**：用于设置动画中位图的压缩品质；若动画中不包含位图，则该项设置无效。
- **【音频流】栏**：单击右侧的 设置... 按钮，将打开【声音设置】对话框，在其中可设定导出的流式音频的压缩格式、比特率和品质等，如图 10.21 所示。
- **【音频事件】栏**：用于设定动画中事件音频的压缩格式、比特率和品质。
- ☑**覆盖声音设置复选框**：用于覆盖所做的声音发布设置。
- ☑**导出设备声音复选框**：用于导出设备中的声音内容。
- **【本地回放安全性】下拉列表框**：用于设置本地回放的安全性，包括【只访问本地文件】和【只访问网络】两个选项。

（4）单击【HTML】选项卡，在该选项卡中对 HTML 的格式进行相应的参数设置，如图 10.22 所示。

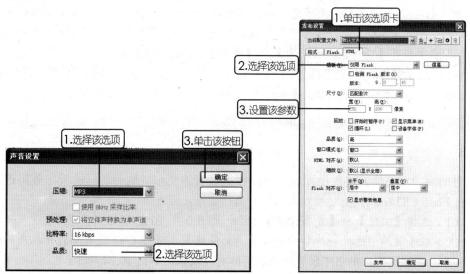

图 10.21　设置声音参数　　　　　图 10.22　设置 HTML 发布参数

在【HTML】选项卡中，各主要参数的具体功能和含义如下。

- **【模板】下拉列表框**：用于设置 HTML 文件所使用的模板，单击右边的 信息按钮，可打开【HTML 模板信息】对话框，显示出该模板的有关信息。

- 【尺寸】下拉列表框：用于设置发布的 HTML 页面的宽度和高度值，有【匹配影片】、【像素】和【百分比】3 个选项。选择【匹配影片】选项，表示将发布的尺寸设为动画的实际尺寸；选择【像素】选项，表示设置影片的实际宽度和高度，可在【宽】和【高】文本框中输入具体的像素值；选择【百分比】选项，表示设置动画相对于浏览器窗口的尺寸大小。
- ☑开始时暂停(P)复选框：用于使动画一开始处于暂停状态，而当用户单击动画中的播放按钮或从快捷菜单中选择【播放】命令后开始播放动画。
- ☑显示菜单(M)复选框：设置在动画中单击鼠标右键时弹出相应的快捷菜单。
- ☑循环(L)复选框：用于使动画反复进行播放。
- ☑设备字体(F)复选框：用于使用设备字体取代系统中未安装的字体。
- 【品质】下拉列表框：用于设置 HTML 文件的品质，包括【低】、【自动减低】、【自动升高】、【中】、【高】和【最佳】6 个选项。
- 【窗口模式】下拉列表框：用于设置 HTML 文件的窗口模式，包括【窗口】、【不透明无窗口】和【透明无窗口】3 个选项。其中，选择【窗口】选项，表示在网页窗口中播放 Flash 动画；选择【不透明无窗口】选项，表示使动画在无窗口模式下播放；选择【透明无窗口】选项，表示使 HTML 页面中的内容从动画中所有透明的地方显示出来。
- 【HTML 对齐】下拉列表框：用于设置动画窗口在浏览器窗口中的位置，主要有【左对齐】、【右对齐】、【顶部】、【底部】及【默认】5 个选项。
- 【缩放】下拉列表框：用于设置动画的缩放方式，包括【默认】、【无边框】、【精确匹配】和【无缩放】4 个选项。
- 【Flash 对齐】栏：用于定义动画在窗口中的位置。其中，【水平】下拉列表框中主要有【左对齐】、【居中】和【右对齐】3 个选项供选择；【垂直】下拉列表框中主要有【顶部】、【居中】和【底部】3 个选项供选择。
- 【显示警告消息】复选框：用于设置 Flash 是否警示 HTML 标签代码中所出现的错误。

（5）各选项卡设置完成后，单击 确定 按钮，确认设置的发布参数。

注意：在设置发布参数后，单击 发布 按钮，可直接对动画进行发布。

2．预览发布效果

对动画的发布格式进行设置后，可以根据设置的发布参数对动画的发布效果进行预览。在 Flash CS3 中，预览动画发布效果的具体操作步骤如下：

（1）选择【文件】→【发布预览】命令，打开如图 10.23 所示的子菜单。

（2）在子菜单中选择一种要预览效果的文件格式，Flash CS3 将自动打开相应的动画预览窗口，在预览窗口中即可预览动画的实际发布效果，如图 10.24 所示。

注意：只有在【发布设置】对话框的【格式】选项卡中设置了的文件格式才能在打开的子菜单中选择，未设置的文件格式将呈灰色显示。另外，直接按【F12】键可采用系统默认的发布预览方式对动画进行预览。

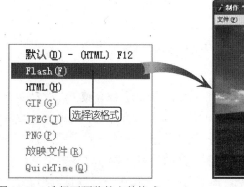

图 10.23   选择要预览的文件格式

图 10.24   预览的动画效果

3. 发布动画

在设置发布参数并预览效果后,即可正式对动画进行发布。在 Flash CS3 中,发布动画的方法主要有以下两种:

● 选择【文件】→【发布】命令。
● 按【Shift+F12】组合键。

10.2.2   典型案例——设置并发布"制作'飞奔'逐帧动画"

【案例目标】

本案例将利用 Flash CS3 中的动画发布功能对"制作'飞奔'逐帧动画.fla"进行相关的测试,然后设置发布参数并将其发布为 Flash 格式。发布后的动画效果如图 10.25 所示。

图 10.25   发布后的动画

素材位置:【\第 10 课\素材\制作"飞奔"逐帧动画.fla】
源文件位置:【\第 10 课\源文件\制作"飞奔"逐帧动画.swf】
操作思路:
(1)打开"制作'飞奔'逐帧动画.fla"。
(2)对动画进行测试,然后设置动画的发布格式为 Flash 格式,并设置其发布参数。
(3)预览动画发布效果,然后发布动画。

操作步骤

根据操作思路对动画进行测试和发布，其具体操作步骤如下：

（1）选择【文件】→【打开】命令，打开"制作'飞奔'逐帧动画.fla"。

（2）选择【控制】→【测试影片】命令（或按【Ctrl+Enter】组合键），对动画进行测试，如图 10.26 所示。在测试窗口中仔细观察动画的播放情况，看其是否出现明显的错误。

（3）选择【视图】→【下载设置】命令，在打开的菜单中选择一种带宽，如"56K"。选择【视图】→【模拟下载】命令，对指定带宽下动画的下载情况进行模拟测试。

（4）选择【视图】→【带宽设置】命令，然后选择【视图】→【数据流图表】命令，查看动画播放过程中的数据流情况，如图 10.27 所示。

图 10.26 测试动画

图 10.27 查看数据流情况

（5）选择【文件】→【发布设置】命令，打开【发布设置】对话框，然后在【格式】选项卡中取消对其他发布格式的选择，使动画只发布为 Flash 格式，如图 10.28 所示。

（6）单击【Flash】选项卡，在该选项卡中对动画的发布版本和加载顺序进行设置，并选中☑生成大小报告(R)和☑允许调试等复选框，使动画在发布的同时产生相应的报告文件和调试文件，以便用户对动画发布的具体情况进行了解。

（7）由于本案例中没有涉及到声音的应用，因此将音频流和音频事件都设置为"禁用"，如图 10.29 所示。

（8）单击 确定 按钮，关闭对话框，并确认发布参数的设置。

（9）选择【文件】→【发布预览】→【Flash】命令，按照设置的发布参数对动画发布效果进行预览。

（10）确认无误后，选择【文件】→【发布】命令，以 Flash 格式发布动画。

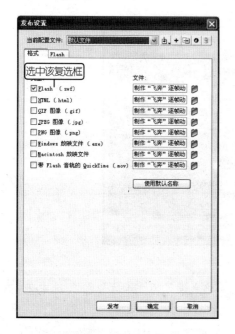

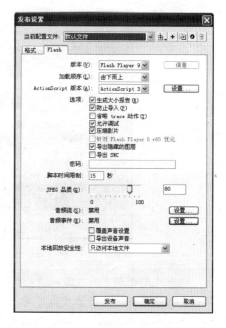

图 10.28 设置发布格式　　　　　　　图 10.29 设置 Flash 发布参数

案例小结

本案例通过将"制作'飞奔'逐帧动画.fla"发布为 Flash 格式的动画文件有针对性地练习在 Flash CS3 中测试动画、设置发布参数以及发布动画的方法。通过本案例的练习，读者应熟练掌握在 Flash CS3 中发布动画的基本方法和技巧。在练习本案例之后，还可尝试将本案例中的动画发布为其他文件格式，并通过调整其相应的参数体会不同文件格式中各参数的具体功能和含义。

10.3　上机练习

在学习本课知识点并通过实例演练相关的操作方法后，相信读者已经熟练掌握了测试和发布动画的基本方法，下面通过两个上机练习再次巩固本课所学内容。

10.3.1　将"制作'动物学校'动画"导出为 AVI 影片

本练习结合本课所学的内容利用导出动画的功能将"制作'动物学校'动画"导出为 AVI 影片，效果如图 10.30 所示。

素材位置： 【\第 10 课\素材\制作"动物学校"动画.fla】

源文件位置： 【\第 10 课\源文件\动物学校.avi】

操作思路：

● 打开"制作'动物学校'动画.fla"文件。

● 选择【文件】→【导出】→【导出影片】命令，将导出文件的名称设置为"动物学校"，将导出的文件格式设置为"AVI"。

图 10.30　导出的 AVI 影片效果

● 将影片尺寸设置为 320×133 像素，将视频格式设置为"24 位彩色"，选中 ☑平滑(S) 复选框，并将声音格式设置为"禁用"，然后导出视频文件。

10.3.2　将"制作广告 Banner"发布为网页

本练习将运用本课所学知识将"制作广告 Banner.fla"发布为网页，如图 10.31 所示。通过本练习，读者应掌握将动画发布为网页的基本方法。

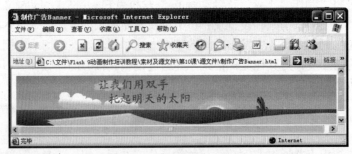

图 10.31　发布的网页效果

素材位置：【\第 10 课\素材\制作广告 Banner.fla】
源文件位置：【\第 10 课\源文件\制作广告 Banner.html】
操作思路：

● 打开"制作广告 Banner.fla"。
● 选择【文件】→【发布设置】命令，打开【发布设置】对话框，然后在【格式】选项卡中选中 ☑HTML (.html)(H)复选框。
● 将 HTML 模板设置为"仅限 Flash"，将尺寸设置为"匹配影片"，将品质设置为"高"，将窗口模式设置为"窗口"，将 HTML 对齐方式设置为"顶部"，将缩放设置为"精确匹配"，将 Flash 对齐方式设置为"居中"。
● 选择【文件】→【发布】命令，将动画发布为网页。

10.4　疑难解答

问： 为什么不能使用 QuickTime 格式导出和发布动画？遇到这种情况应如何处理？

答： 这种情况是因为电脑中没有安装 QuickTime 造成的，Flash CS3 在发布和导出动画时，因为找不到相应组件而出现错误提示或导致发布失败。遇到这种情况时，只需要在电脑中安装 QuickTime 软件（该软件可从网上下载获取），之后就可以正常使用该格式导出和发布动画了。

问： 为什么使用逐帧动画导出的 GIF 图片文件是静止的？

答： 这种情况可能是因为选择了错误的导出命令或设置了错误的导出参数造成的。要将动画导出为连续播放的 GIF 图片，应选择【文件】→【导出】→【导出影片】命令进行导出；若选择【导出图像】命令，则导出的 GIF 图片就是静止的。另外，在设置 GIF 的导出参数时，应在【动画】文本框中将数值设置为"0"，使其以连续的方式重复播放 GIF 图片中的各帧内容。

10.5　课后练习

1．选择题

（1）若要查看动画下载和播放时的带宽使用情况，应选择【视图】→（　　　）命令。

　　A．【模拟下载】　　　　　　　　　　B．【帧数图表】

　　C．【数据流图表】　　　　　　　　　D．【带宽图表】

（2）测试动画时，若要查看 ActionScript 脚本的执行情况，应在（　　　）面板中查看。

　　A．动作　　　　　　　　　　　　　　B．调试器

　　C．测试　　　　　　　　　　　　　　D．调试影片

（3）若要设置动画的发布格式，应在（　　　）选项卡中进行设置。

　　A．【格式】　　　　　　　　　　　　B．【发布设置】

　　C．【HTML】　　　　　　　　　　　 D．【发布格式】

（4）在 Flash CS3 中，发布动画的快捷键是（　　　）。

　　A．【F12】　　　　　　　　　　　　 B．【F11】

　　C．【Shift+F6】　　　　　　　　　　D．【Shift+F12】

2．问答题

（1）简述在 Flash CS3 中测试动画的基本流程。

（2）简述在 Flash CS3 中导出图形的基本流程。

（3）简述在 Flash CS3 中浏览动画发布效果的基本流程。

3．上机题

运用本课所学的知识将"制作'写字'动画.fla"发布为 Windows 放映文件（.exe）格式，如图 10.32 所示。通过练习，巩固本课所学内容，并掌握将动画发布为 EXE 格式的基

本方法。

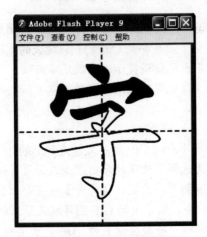

图 10.32　发布的动画效果

素材位置：【\第 10 课\素材\制作"写字"动画.fla】

源文件位置：【\第 10 课\源文件\制作"写字"动画.exe】

提示：应注意以下几点。

● 在打开动画文件后，应对其进行必要的测试。

● 在【格式】选项卡中选中☑Windows 放映文件（.exe）(W)复选框。

● 选择【文件】→【发布】命令，将动画发布为 EXE 格式。

第11课
制作网站片头

本课要点
- 网站片头的制作流程
- 网站片头的制作方法

具体要求
- 了解网站片头的基本制作流程
- 掌握制作网站片头的一般思路和方法

本课导读

网站片头是 Flash 的一个重要应用领域，随着 Flash 功能的不断增强，利用 Flash 制作的网站片头和动态页面也被越来越多的网站所采用，并有进一步大范围推广的趋势。在本课中，将利用 Flash CS3 来制作网站片头作品，从而对网站片头的制作流程和方法进行讲解，同时巩固本书所学的相关内容。

- 网站片头制作流程：前期策划、搜集素材、制作片头要素以及编辑场景等。
- 网站片头制作方法：利用素材和绘图工具制作动画要素，根据策划内容编辑动画场景，调试并发布片头。

11.1 制 作 分 析

网站片头通常出现在网站页面打开前，其作用归纳起来主要有两点：一是通过片头的播放为网站页面赢取更多的加载时间；二是利用片头中动态的动画演示将网站的主题和特点告知网站浏览者，并使其留下深刻的印象。

11.1.1 实例效果预览

本实例将为极限运动网站制作一个网站片头，如图 11.1 所示。通过本实例的制作，帮助读者了解在 Flash CS3 中制作网站片头的基本思路，并掌握制作网站片头的基本方法，同时对本书所学内容进行巩固。

图 11.1 制作的极限运动网站片头效果

素材位置：【\第 11 课\素材\制作网站片头\】
源文件位置：【\第 11 课\源文件\制作网站片头.fla】
操作思路：
（1）设置场景属性并导入所需的声音和图片素材。
（2）制作所需的图形元件和影片剪辑元件。
（3）利用制作的片头要素编辑动画场景，并为动画添加音效。
（4）测试动画，并发布网站片头。

11.1.2 实例制作分析

在明确网站片头的制作目的之后，就可以正式进入网站片头的制作流程了。在 Flash CS3 中，制作网站片头的基本流程主要包括前期策划、搜集素材、制作片头要素、编辑场景以及调试和发布 5 个基本环节，各环节的具体含义和要求如下。

● **前期策划：**确定网站片头的制作风格、主题以及采用的背景音乐等内容。在前期策划阶段，应尽量将策划做细致，以便于后期的制作并提高制作效率。
● **搜集素材：**根据策划内容，有针对性地搜集网站片头中需要用到的文字、图片以及声音等素材。对于无法直接获取的素材，可通过使用相关软件对素材进行编辑和修改获得。

- **制作片头要素**：根据策划内容，在 Flash 中制作网站片头中所需的各种动画要素，如图形元件、影片剪辑元件以及按钮等。
- **编辑场景**：利用制作的片头要素对动画场景进行编辑和调整，并将声音效果和背景音乐按前期策划的方案添加到动画中。
- **调试和发布**：通过预览动画的方式，检查网站片头的实际播放效果，并根据测试的结果对网站片头进行调整，然后根据实际需要发布网站片头。

下面结合网站片头的基本制作流程，对本实例要制作的网站片头作品进行必要的分析。

在前期策划阶段，考虑到作为运动会网站片头所应表达的动画主题——阳光体育，因此，在本实例的制作中应考虑采用与运动会有关且最能体现运动会的图片和文字来体现动画主题，背景音乐则应采用节奏明快且动感较强的音乐类型。在表现片头内容的方法上，也应遵从这一原则，通过对片头要素的快速移动和切换体现运动会的阳光、健康和全民参与等特点。

在搜集素材阶段，则应根据前期策划的内容搜集与运动会（如长跑、跳远等）有关的图片素材、文字和音乐。

在制作片头要素和编辑场景阶段，应利用所搜集的素材制作所需的图形元件和影片剪辑（如"运动 01"影片剪辑元件），同时还可根据策划的内容制作用于增加场景动感程度的各附加要素（如"旋转物"影片剪辑元件）。在片头要素制作完成后，即可编辑动画场景。在本实例中，主要利用"PE 动画 01"等附加要素作为背景图层，增加场景的动感效果，并通过为片头要素创建表现快速移动的动画补间动画实现场景内容的快速移动和切换。另外，为了使动画中的各要素更具变化并增强其在整个场景中的表现力，为特定的动画要素添加阴影和模糊等滤镜，也是本实例中所采用的一种重要手段。

在完成编辑场景后，对制作的片头动画进行测试，并根据实际需要发布网站片头。

11.2　制 作 过 程

在明确本实例的制作目的及基本制作流程后，下面对网站片头的制作思路和方法进行讲解。本例的制作过程主要分为：制作图形元件、制作影片剪辑元件、编辑片头动画场景以及测试和发布片头 4 个部分。

11.2.1　制作图形元件

首先，制作需要的图形元件，具体操作步骤如下：

（1）新建一个空白 Flash 文档，将其保存为"制作网站片头.fla"。在【属性】面板中将场景尺寸设置为 600×340 像素，将背景色设置为深灰色。

（2）选择【文件】→【导入】→【导入到库】命令，将"篮球 1.png"、"跑步 1.png"和"音乐伴奏.mp3"等素材导入到库中。

（3）选择【插入】→【新建元件】命令，新建一个名为"标志"的图形元件。在该图形元件的编辑场景中绘制如图 11.2 所示的标志图形，然后使用文本工具在图形周围输入相应的文字，如图 11.3 所示。

图 11.2　绘制标志图形　　　　　　　　　图 11.3　输入文字

（4）新建"横条"图形元件，将"图层 1"重命名为"矩形条"，然后在编辑场景中使用矩形工具绘制一个 Alpha 值为"52%"的橙色矩形，如图 11.4 所示。

图 11.4　绘制橙色矩形

（5）在"矩形条"图层下方新建"颤动"图层，在该图层的第 1 帧中绘制一个 Alpha 值为"23%"的橙色矩形。

（6）在第 2 帧插入关键帧，然后将该帧中的矩形向下移动一点距离。在第 3 帧插入空白关键帧，然后将第 2 帧复制到第 4 帧，将第 1 帧复制到第 5 帧，制作出矩形上下颤动的动画效果。

11.2.2　制作影片剪辑元件

现在制作图形元件对应的影片剪辑元件，具体操作步骤如下：

（1）新建"PE 动画 01"影片剪辑，在编辑场景中使用文本工具输入"E"白色文字（字体为"文鼎霹雳体"），如图 11.5 所示。然后，在第 1～17 帧创建文字缩放的动画补间动画。

（2）新建"图层 2"，使用文本工具输入"P"和"E"白色文字，将"P"文字放大，然后将两个文字叠加并按【Ctrl+B】组合键将文字打散，然后将未放大的文字删除，制作出如图 11.6 所示的空心文字效果。

（3）在"图层 2"的第 1～17 帧创建空心文字缩放的动画补间动画，制作出文字交替缩放的动画效果，如图 11.7 所示。

（4）新建"PE 动画 02"影片剪辑，使用椭圆工具绘制一个白色圆，然后输入"P"文字，按【Ctrl+B】组合键将文字打散，并将打散的文字删除，制作出如图 11.8 所示的图形。在"图层 1"的第 1～10 帧创建图形缩放的动画补间动画。

图 11.5　输入文字 　　　　图 11.6　制作空心文字 　　　图 11.7　文字交替缩放的效果

（5）新建"图层 2"，用同样的方法在图形四周绘制 4 个类似的图形，如图 11.9 所示。在图层 2 的第 1～10 帧创建图形旋转的动画补间动画。

图 11.8　绘制图形 　　　　　　　　图 11.9　绘制 4 个类似的图形

（6）新建"运动 01"影片剪辑，将"图层 1"重命名为"人物"，从【库】面板中将"篮球 11.png"拖动到编辑场景中央（如图 11.10 所示），然后在第 20 帧插入普通帧。

（7）新建图层，将其重命名为"闪烁"，在第 5 帧插入空白关键帧，使用绘图工具绘制一个与"人物"图层中人物轮廓相同且 Alpha 值为"40%"的白色图形，如图 11.11 所示。

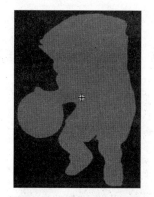

图 11.10　放置"篮球 11.png" 　　　　图 11.11　绘制白色轮廓图形

（8）在第 6 帧、第 8 帧、第 10 帧和第 20 帧分别插入空白关键帧，然后将第 5 帧分别复制到第 7 帧、第 9 帧和第 19 帧中，并在【混色器】面板中分别调整各帧中白色图形的 Alpha 值，使其出现不同强度的闪烁效果。

（9）新建"运动 02"影片剪辑，将"图层 1"重命名为"人物"，从【库】面板中将"跑步 3.png"拖动到编辑场景中央，如图 11.12 所示。新建图层，将其重命名为"闪烁"，在该图层中绘制如图 11.13 所示的白色轮廓图形，并制作类似的闪烁效果。

图 11.12　放置"跑步 3.png"

图 11.13　绘制白色轮廓图形

（10）新建"运动 03"影片剪辑，将"图层 1"重命名为"人物"，从【库】面板中将"羽毛球.png"拖动到编辑场景中央，如图 11.14 所示。新建图层，将其重命名为"闪烁"，在该图层中绘制如图 11.15 所示的白色轮廓图形，并制作类似的闪烁效果。

图 11.14　放置"羽毛球 png"

图 11.15　绘制白色轮廓图形

（11）新建"运动 04"影片剪辑，将"图层 1"重命名为"人物"，从【库】面板中将"乒乓球 2.png"拖动到编辑场景中央，如图 11.16 所示。新建图层，将其重命名为"闪烁"，在该图层中绘制如图 11.17 所示的白色轮廓图形，并制作类似的闪烁效果。

图 11.16　放置"乒乓球 2.png"

图 11.17　绘制白色轮廓图形

（12）新建"旋转物"影片剪辑，在"图层 1"中使用文本工具输入灰色的"PE"文字，如图 11.18 所示。按【Ctrl+B】组合键将文字打散，并在第 8 帧插入普通帧。

（13）新建"图层 2"，使用文本工具输入"00"白色文字，在场景中绘制如图 11.19 所示的图形。在第 2 帧插入关键帧，将该帧中的数字改为"02"，然后对图形进行适当角度的旋转，如图 11.20 所示。

图 11.18　输入灰色文字　　　图 11.19　输入文字并绘制图形　　图 11.20　修改文字并旋转图形

（14）用同样的方法在第 3～8 帧中将数字修改为"03"、"04"、"05"、"06"、"07"和"08"，并对各帧中的图形进行相应的旋转，制作出图形围绕数字旋转的逐帧动画效果。

（15）新建"文字底"影片剪辑，从【库】面板中将"小字.swf"拖动到编辑场景中，如图 11.21 所示，然后在第 1～10 帧创建"小字.swf"上下移动的动画补间动画。

（16）新建"图层 2"，使用矩形工具在场景中绘制黑色矩形（如图 11.22 所示），然后将"图层 2"转换为遮罩层，使其对"图层 1"进行遮罩。

（17）新建"图层 3"，使用线条工具在场景中绘制两条交叉的白色线条，如图 11.23 所示。

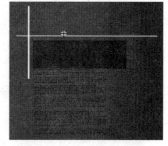

图 11.21　放置"小字.swf"　　　图 11.22　绘制矩形　　　图 11.23　绘制白色线条

（18）新建"展示"影片剪辑，将"图层 1"重命名为"图片"，从【库】面板中将"跑步 5.png"拖动到编辑场景中，并对其大小进行适当的调整，如图 11.24 所示。

（19）在第 3 帧、第 5 帧、第 7 帧和第 9 帧分别插入空白关键帧，并从【库】面板中依次将"跑步 4.png"等拖动到各关键帧中，并放置到编辑场景中相同的位置，然后在第 10 帧插入普通帧。

（20）新建图层，将其重命名为"闪烁"，在第 6 帧插入空白关键帧，并在该帧中绘制一个 Alpha 值为"23%"的白色图形，如图 11.25 所示。然后，用类似的方法在"闪烁"图层中制作白色图形闪烁的动画效果。

图 11.24　放置并调整"跑步 5.png"

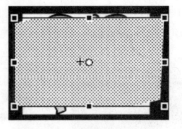

图 11.25　绘制白色图形

（21）新建图层，将其重命名为"遮罩"，在该图层中绘制一个与"闪烁"图层中白色图形相同大小和位置的红色图形，如图 11.26 所示。然后，将"遮罩"图层转换为遮罩层，并使其对下方的"闪烁"图层和"图片"图层进行遮罩。

（22）新建图层，将其重命名为"画框"，参照"遮罩"图层中红色图形的形状绘制一个橙黄色的画框图形，如图 11.27 所示。

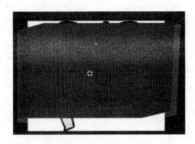

图 11.26　绘制红色图形

图 11.27　绘制画框图形

（23）编辑完成后，单击场景左上角的 ⇦ 场景 1 按钮，完成制作并返回主场景。

11.2.3　编辑片头动画场景

在本实例中，编辑网站片头的动画场景主要分为编辑作为背景的图层和编辑动画主题图层两个部分。

1. 编辑作为背景的图层

本实例中作为背景的图层主要包括"背景"、"背景动画"和"横条动画"3 个图层。操作步骤如下：

（1）将"图层 1"重命名为"背景"，从【库】面板中将"标志"图形元件拖动到该图层的第 1 帧中，并调整其大小和位置，如图 11.28 所示。

（2）在场景中选中"标志"图形元件，在【属性】面板中将其设置为"影片剪辑"。然后，选中第 1 帧，创建动画补间动画，并在第 10 帧、第 23 帧和第 29 帧插入关键帧。

图 11.28　放置"标志"图形元件

说明：将"标志"图形元件设置为"影片剪辑"的目的是为其添加滤镜效果，从而制作出标志模糊变化的滤镜动画效果。

（3）选中第 1 帧中的"标志"图形元件，在【滤镜】面板中为其添加模糊滤镜，并将模糊参数设置为"15"，将品质设置为"中"，如图 11.29 所示。

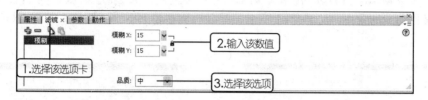

图 11.29　添加滤镜并设置参数

（4）选中第 29 帧中的"标志"图形元件，在【滤镜】面板中将模糊参数设置为"25"，并在【属性】面板中将其 Alpha 值设置为"0"，制作出图形元件模糊并淡出场景的动画效果。

（5）在第 30 帧和第 31 帧分别插入空白关键帧，在第 31 帧使用矩形工具绘制如图 11.30 所示的黄色矩形。

图 11.30　绘制黄色矩形

（6）在第 31～36 帧之间创建矩形上下移动并拉伸到场景中央的动画补间动画。选中第 31 帧，在【属性】面板中将"滑动.mp3"音效添加到该帧中，如图 11.31 所示。选中第 41 帧，在【属性】面板中将"震颤.mp3"音效添加到该帧中。

（7）在第 71 帧插入关键帧，从【库】面板中将"旋转物"影片剪辑拖动到场景中，调整其大小并放置到场景右下角，如图 11.32 所示。

图 11.31　为第 31 帧添加音效　　　　图 11.32　放置"旋转物"影片剪辑

（8）在第 115 帧插入关键帧，将该帧中的"旋转物"影片剪辑拖动到场景的左上方，然后将第 71 帧复制到第 179 帧。

（9）在第 235 帧插入关键帧，将该帧中的"旋转物"影片剪辑拖动到场景的左下方。在第 267 帧插入关键帧，将该帧中的"旋转物"影片剪辑删除，并在第 305 帧插入普通帧，制作出"旋转物"影片剪辑在场景中不断变换位置并消失的动画效果。

（10）新建图层，将其重命名为"背景动画"，在该图层的第 60 帧插入空白关键帧。从【库】面板中将"PE 动画 01"影片剪辑拖动场景中，将其复制 3 个并分别调整其大小、位置和透明度，如图 11.33 所示。

（11）在第 60~67 帧之间创建 "PE 动画 01" 影片剪辑淡入场景的动画补间动画，在第 162~166 帧之间创建 "PE 动画 01" 影片剪辑淡出场景的动画补间动画。

（12）在第 167 帧和第 175 帧分别插入空白关键帧，从【库】面板中将 "PE 动画 02" 影片剪辑拖动到场景中，将其复制 3 个，并分别调整其大小、位置和透明度，如图 11.34 所示。

图 11.33　复制并调整 "PE 动画 01" 影片剪辑　　　图 11.34　复制并调整 "PE 动画 02" 影片剪辑

（13）在第 175~179 帧之间创建 "PE 动画 02" 影片剪辑淡入场景的动画补间动画，在第 267~272 帧之间创建 "PE 动画 02" 影片剪辑淡出场景的动画补间动画。

（14）在第 273 帧和第 292 帧分别插入空白关键帧，选中第 292 帧，然后使用文本工具在场景中输入 "[进入]" 白色文字，如图 11.35 所示。

（15）在第 292~305 帧之间创建文字淡入场景的动画补间动画，选中第 305 帧中的文字，在【属性】面板中将其设置为 "按钮"，并设置其实例名称为 "bt"，然后在【动作-帧】面板中输入以下脚本：

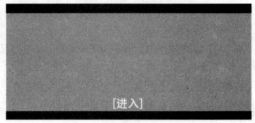

图 11.35　输入文字

```
function btn(event:MouseEvent):void{
    URLRequest("http://www.mzdx.net");
}
bt.addEventListener(MouseEvent.CLICK,btn);
```

说明：http://www.mzdx.net 是本实例链接的校园网的网络地址，要使片头链接其他极限运动网站，只需将其修改为相应的网络地址即可。

（16）新建 "横条动画" 图层，在第 54 帧插入空白关键帧，从【库】面板中将 "横条" 图形元件拖动到场景上方。在第 54~62 帧创建 "横条" 图形元件向下快速运动并停止在场景中的动画补间动画，如图 11.36 所示。

（17）在第 104~115 帧创建 "横条" 图形元件继续向下快速运动并停止在场景下方的动画补间动画。

（18）在第 162~175 帧创建 "横条" 图形元件旋转 90°，然后在场景中左右移动并停止在场景中央的动画补间动画，如图 11.37 所示。

图 11.36 创建"横条"移动的动画补间动画　　图 11.37 创建"横条"旋转并移动的动画补间动画

（19）在第 226～235 帧创建"横条"图形元件左右移动并停止在场景左侧的动画补间动画。在第 266～272 帧创建"横条"图形元件旋转 90°，然后快速移出场景的动画补间动画。

2. 编辑动画主题图层

本实例中作为动画主题的图层主要包括"运动"、"展示"、"文字"和"音乐"4个图层。具体操作步骤如下：

（1）新建"运动"图层，在第 67 帧插入空白关键帧，从【库】面板中将"运动 01"影片剪辑拖动到场景中，并放置在场景的左侧，如图 11.38 所示。

（2）在场景中选中"运动 01"影片剪辑，在【滤镜】面板中为其添加投影滤镜，并对其参数进行如图 11.39 所示的设置。

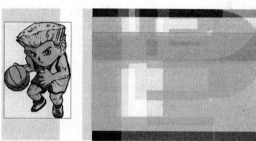

图 11.38 放置"运动 01"影片剪辑

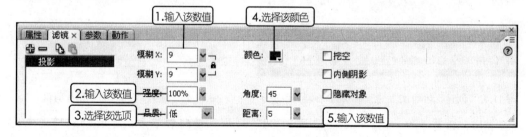

图 11.39 添加滤镜并设置参数

（3）在第 67～70 帧创建"运动 01"影片剪辑向右快速移动到场景中的动画补间动画，如图 11.40 所示。选中第 67 帧，在【属性】面板中为该帧添加"滑动.mp3"音效。

（4）在第 104 帧插入关键帧，选中该帧中的"运动 01"影片剪辑，在【滤镜】面板中为其添加模糊滤镜，并将模糊参数设置为"0"，品质设置为"中"。

（5）在第 104～110 帧创建动画补间动画，选中第 110 帧中的"运动 01"影片剪辑，在【滤镜】面板中为其添加模糊滤镜，并将模糊参数设置为"13"，品质设置为"中"。然后，在【属性】面板中将其 Alpha 值设置为"0"，制作出影片剪辑逐渐模糊并淡出场景的动画效果。

（6）在第 111 帧和第 115 帧分别插入空白关键帧，选中第 115 帧，从【库】面板中将"运动 02"影片剪辑拖动到场景中，并放置在场景的右下方（如图 11.41 所示），然后在【滤镜】面板中为其添加投影滤镜。

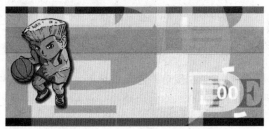
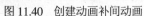

图 11.40　创建动画补间动画　　　　　　　图 11.41　放置"运动 02"影片剪辑

（7）在第 115～118 帧创建"运动 02"影片剪辑向左上方快速移动到场景中的动画补间动画，如图 11.42 所示。选中第 115 帧，在【属性】面板中为其添加"滑动.mp3"音效。

（8）在第 150 帧插入关键帧，选中该帧中的"运动 02"影片剪辑，在【滤镜】面板中为其添加模糊滤镜，然后用类似的方法在第 150～159 帧制作出"运动 02"影片剪辑逐渐模糊并淡出场景的动画效果。

（9）在第 160 帧和第 179 帧分别插入空白关键帧，选中第 179 帧，从【库】面板中将"运动 03"影片剪辑拖动到场景中，并放置在场景的左上方（如图 11.43 所示），然后在【滤镜】面板中为其添加投影滤镜。

图 11.42　创建"运动 02"快速移动的动画补间动画　　　图 11.43　放置"运动 03"影片剪辑

（10）在第 179～182 帧创建"运动 03"影片剪辑向右下方快速移动到场景中的动画补间动画，如图 11.44 所示。选中第 179 帧，在【属性】面板中为其添加"滑动.mp3"音效。

（11）在第 211 帧插入关键帧，选中该帧中的"运动 03"影片剪辑，在【滤镜】面板中为其添加模糊滤镜，然后用类似的方法在第 211～220 帧制作出"运动 03"影片剪辑逐渐模糊并淡出场景的动画效果。

（12）在第 221 帧和第 235 帧分别插入空白关键帧，选中第 235 帧，从【库】面板中将"运动 04"影片剪辑拖动到场景中，并放置在场景的右侧（如图 11.45 所示），然后在【滤镜】面板中为其添加投影滤镜。

图 11.44　创建"运动 03"快速移动的动画补间动画

图 11.45　放置"运动 04"影片剪辑

（13）在第 235～239 帧创建"运动 04"影片剪辑向左快速移动到场景中的动画补间动画，如图 11.46 所示。选中第 235 帧，在【属性】面板中为其添加"滑动.mp3"音效。

（14）在第 267 帧插入关键帧，选中该帧中的"运动 04"影片剪辑，在【滤镜】面板中为其添加模糊滤镜，然后用类似的方法在第 267～272 帧制作出"运动 04"影片剪辑快速移出场景并逐渐模糊和淡出的动画效果。

（15）新建图层，将其重命名为"展示"，在第 77 帧插入空白关键帧，从【库】面板中将"展示"影片剪辑拖动到场景中，并放置在场景右侧，如图 11.47 所示。

图 11.46　创建快速移动的动画补间动画

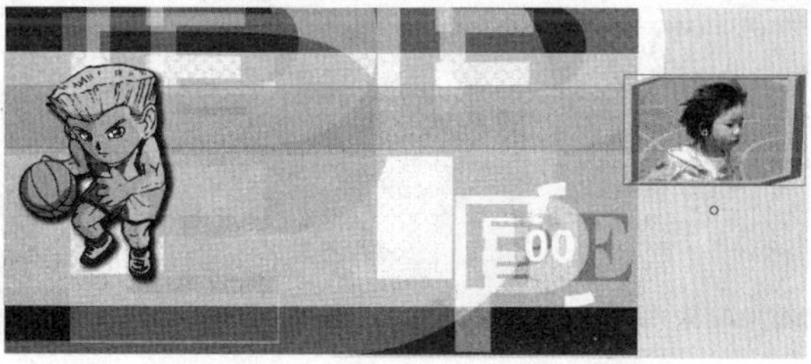

图 11.47　放置"展示"影片剪辑

（16）在第 77～81 帧创建动画补间动画，然后将第 81 帧中的"展示"影片剪辑拖动到场景中（如图 11.48 所示），制作出"展示"影片剪辑快速移入场景的动画效果。

（17）在第 81～104 帧创建动画补间动画，然后将第 104 帧中的"展示"影片剪辑向左拖动一小段距离（如图 11.49 所示），制作出"展示"影片剪辑在场景中缓慢移动的效果。

图 11.48　创建快速移入场景的动画补间动画

图 11.49　创建缓慢移动的动画补间动画

（18）在第 104～107 帧创建动画补间动画，然后将第 107 帧中的"展示"影片剪辑向左拖动到场景左侧（如图 11.50 所示），制作出"展示"影片剪辑快速移出场景的动画效果。

（19）用类似的方法在第 121~155 帧创建"展示"影片剪辑从场景左上方向下快速移入场景，然后缓慢移动并向左快速移出场景的动画补间动画，如图 11.51 所示。

图 11.50　创建快速移出场景的动画补间动画

图 11.51　在第 121~155 帧创建动画补间动画

（20）在第 187~217 帧创建"展示"影片剪辑从场景右下方向上快速移入场景，然后缓慢移动并向右快速移出场景的动画补间动画，如图 11.52 所示。

（21）在第 239~273 帧创建"展示"影片剪辑从场景左侧向右快速移入场景，然后向下缓慢移动并向右快速移出场景的动画补间动画，如图 11.53 所示。

图 11.52　在第 187~217 帧创建动画补间动画

图 11.53　在第 239~273 帧创建动画补间动画

（22）在第 274 和第 275 帧插入空白关键帧，选中第 275 帧，从【库】面板中将"标志"图形元件拖动到场景中央，如图 11.54 所示。

（23）在场景中选中"标志"图形元件，在【属性】面板中将其设置为"影片剪辑"，然后在【滤镜】面板中为其添加模糊滤镜和投影滤镜。

（24）在第 275~300 帧创建动画补间动画，对各关键帧中滤镜的参数进行调整，制作出表现"标志"图形元件淡入场景、逐渐清晰并呈现阴影的动画效果，如图 11.55 所示。

图 11.54　放置"标志"图形元件

图 11.55　为"标志"图形元件制作滤镜动画效果

（25）新建图层，将其重命名为"文字"，在第 81 帧插入空白关键帧，并从【库】面板中将"文字底"影片剪辑拖动到场景右侧，如图 11.56 所示。

图 11.56 放置 "文字底" 影片剪辑

（26）使用文本工具在 "文字底" 影片剪辑上方输入 "阳光体育" 白色文字，如图 11.57 所示。

图 11.57 输入文字

（27）选中第 81 帧，创建动画补间动画，然后在第 81～109 帧创建 "文字底" 影片剪辑和白色文字从场景右侧快速移入场景，然后缓慢移动并向右快速移出场景的动画补间动画，如图 11.58 所示。

图 11.58 为影片剪辑和文字创建动画补间动画

（28）用类似的方法在第 124～157 帧创建 "文字底" 影片剪辑和 "全民参与" 白色文字快速移入场景，然后缓慢移动并向右快速移出场景的动画补间动画，如图 11.59 所示。

图 11.59　为影片剪辑和文字创建动画补间动画

（29）在第 190～219 帧创建"文字底"影片剪辑和"快乐健康"白色文字从右侧快速移入场景，然后缓慢移动并向右快速移出场景的动画补间动画，如图 11.60 所示。

图 11.60　为影片剪辑和文字创建动画补间动画

（30）在第 243～273 帧创建"文字底"影片剪辑和"阳光体育"白色文字从右侧快速移入场景，然后缓慢移动并向右快速移出场景的动画补间动画，如图 11.61 所示。

（31）新建图层，将其重命名为"音乐"，在第 51 帧插入空白关键帧，选中第 51 帧，在【属性】面板中为该帧添加音效"音乐伴奏.mp3"，具体设置如图 11.62 所示。

图 11.61　为影片剪辑和文字创建动画补间动画　　　图 11.62　为第 51 帧添加音效

> **说明：** 在制作网站片头的过程中，应根据片头对背景音乐的要求设置相应的播放方式。若背景音乐并不与动画中各要素的运动相关联，则可将其同步方式设置为"开始"或"事件"；若动画中背景音乐的节奏变化需要与动画中要素的运动相关联，则需要将其设置为"数据流"方式，以便于制作者根据节奏的变化对动画要素进行相应调整。

（32）在第 305 帧插入空白关键帧，然后在【动作-帧】面板中输入以下脚本：

```
stop( );                //停止播放
```

至此，即完成了片头动画场景的编辑，编辑完成后的图层关系和场景状态如图 11.63 所示。

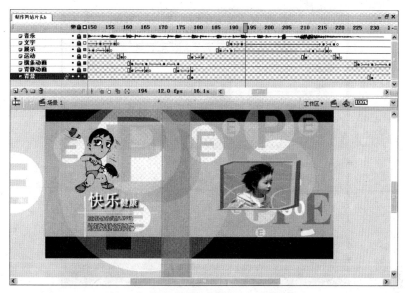

图 11.63　编辑完成后的图层关系和场景状态

11.2.4　测试和发布片头

在编辑动画场景后，即可测试片头并将其发布了，具体操作步骤如下：

（1）选择【控制】→【测试】命令（或按【Ctrl+Enter】组合键），打开动画的测试窗口，查看片头的实际播放效果，如图 11.64 所示。

图 11.64　查看片头播放效果

（2）在测试窗口中选择【视图】→【下载设置】命令，在打开的菜单中选择一种带宽类型。然后，选择【视图】→【模拟下载】命令，对设置带宽下动画的下载情况进行模拟测试。

（3）在测试窗口中选择【视图】→【带宽设置】命令，然后选择【视图】→【数据流图表】命令，打开带宽数据流显示图表，测试片头动画在下载和播放时的带宽使用情况，如图 11.65 所示。

图 11.65　测试下载和播放时的带宽使用情况

（4）测试动画并进行适当的调整后，选择【文件】→【发布设置】命令，根据需要对网站片头的发布格式和参数进行设置。

（5）选择【文件】→【发布预览】命令，以设置的发布参数预览片头动画的实际发布效果。确认无误后，选择【文件】→【发布】命令，发布网站片头。

11.3　上机练习

11.3.1　制作音乐网站片头

在学习本课知识点并通过实例演练相关的操作方法后，相信读者已经熟练掌握了网站片头的基本制作思路和方法，本练习将通过制作一个如图 11.66 所示的音乐网站片头效果对本课所学内容进行巩固。

图 11.66　音乐网站片头效果

素材位置：【\第 11 课\素材\音乐网站片头\】

源文件位置：【\第 11 课\源文件\音乐网站片头.fla】

操作思路：

- 将场景大小设置为 600×350 像素，将背景色设置为黄色。
- 制作表现文字和图形摇动的"？"、"地"、"音"和"收音机"等图形元件。
- 制作表现文字条运动以及文字旋转的"music"和"旋转"影片剪辑。制作表现声波变化的"声波"和"杂音"影片剪辑。
- 利用"？"图形元件和"杂音"影片剪辑在"场景 1"中编辑表现问号出现和声波变化的动画效果，并将"转台.wav"音效添加到动画场景中。
- 新建"场景 2"，利用制作的"地"、"音"、"收音机"图形元件和"旋转"影片剪辑等在各图层中编辑片头中的动画内容，并将导入的音效添加到动画场景中。

11.3.2 制作校园网站片头

在学习本课知识点并通过前两个实例进行练习后，相信读者已经更加熟练地掌握了网站片头的基本制作思路和方法，本练习将再制作一个如图 11.67 所示的校园网站片头效果，从而对本课所学内容进行巩固。

图 11.67 校园网站片头效果

素材位置：【\第 11 课\素材\校园网站片头\】

源文件位置：【\第 11 课\源文件\校园网站片头.fla】

操作思路：

- 将场景大小设置为 550×300 像素，将背景色设置为白色。
- 将图片素材导入到库中，然后从库中将"背景.jpg"拖动到场景中，并调整至合适大小。
- 制作表现校徽的"标志"和"校名"等图形元件。
- 制作表现线条运动和校徽效果的影片剪辑。
- 利用导入的图片素材和制作的图形元件和影片剪辑元件制作具有银幕效果的影片剪辑，并将其添加到动画场景中。
- 新建"action"图层，制作"按钮"按钮元件，并将其放置到场景中，然后在时间轴中添加脚本。

11.4 疑难解答

问：如何在片头动画中实现背景音乐的开关和选择功能？

答：如果要在片头动画中实现背景音乐的开关功能，那么作为背景的声音就不能通过【属性】面板直接添加到场景或帧中，而应在【库】面板中为其添加链接属性，然后为用于实现开关功能的按钮添加"SoundMixer.play( );"和"SoundMixer.stopAll( );"脚本，对链接的声音进行调用。这样，即可在单击按钮时实现声音的开启或关闭功能。同理，若要实现背景音乐的选择功能，只需为多个声音文件设置链接属性，并为按钮添加相应的"play( );"脚本即可。

问：如何使片头播放后自动关闭并链接到相应的网页？要在片头中实现页面的选择功能，应如何处理？

答：要实现这种功能，只需在片头的最后一个关键帧中添加"URLRequest"和"fscommand ("quit", "");"脚本即可。若要实现页面的选择功能，则可在片头中添加多个按钮，并为各按钮添加链接到不同网址的"URLRequest"脚本，通过单击片头中的相应按钮链接到不同的网页，从而实现简单的页面选择功能。

11.5 课后练习

（1）本练习将运用本书所学的知识并参考本课网站片头的制作方法制作如图 11.68 所示的个人网站片头动画。通过练习，帮助读者巩固本课所学内容，并掌握类似动画的制作流程和方法。

图 11.68　个人网站片头效果

素材位置：【\第 11 课\素材\个人网站片头\】

源文件位置：【\第 11 课\源文件\个人网站片头.fla】

提示：在本练习的制作中应注意以下几点。

● 将场景大小设置为 753×196 像素，将背景色设置为黑色。

● 利用"小字 2.png"新建并制作"word"影片剪辑，然后分别制作"bird_left"、"bird_right"影片剪辑和"bird"图形元件，并利用元件制作表现飞鸟的"飞鸟"影片剪辑。

● 将动画中要使用的各文字分别制作为图形元件，并利用图形元件制作"口号"和

"口号 2"影片剪辑。

● 利用导入的图片素材和制作的图形元件和影片剪辑元件对主场景中的各图层进行
编辑。

● 将导入的声音效果添加到"音乐"图层中，并测试动画。

（2）再次运用本书所学的知识并参考本课网站片头的制作方法制作如图 11.69 所示的
网站片头动画。通过练习，帮助读者再次巩固本课所学内容，并掌握类似动画的制作流程
和方法。

图 11.69   网站片头效果

素材位置：【\第 11 课\素材\网站片头\】

源文件位置：【\第 11 课\源文件\网站片头.fla】

提示：在本练习的制作中应注意以下几点。

● 将场景大小设置为 550×200 像素，将背景色设置为黑色，然后导入图片素材。

● 利用素材新建并制作"文字"影片剪辑，并利用它制作表现文字变化效果的影片
剪辑。

● 利用素材制作标志出现的"标志"影片剪辑。

● 分别制作"圆"、"旋转"和"变幻"等影片剪辑。

● 将制作好的影片剪辑分别放置到各图层中，新建"action"图层，并在时间轴中输
入脚本。

参 考 答 案

第 1 课

1. 选择题

（1）C　　　　（2）D　　　　（3）D

（4）B

2. 问答题

（1）参见 1.2.1 节的第 2 小节。

（2）参见 1.3.1 节的第 1 小节。

（3）参见 1.4.1 节的第 1 小节和第 2
小节。

3. 上机题

略

第 2 课

1. 选择题

（1）D　　（2）A C　　（3）D

（4）D

2. 问答题

（1）参见 2.2.1 节的第 2 小节。

（2）参见 2.2.1 节的第 4 小节。

（3）参见 2.3.1 节的第 3 小节。

3. 上机题

略

第 3 课

1. 选择题

（1）C　　（2）A　　（3）B

（4）C

2. 问答题

（1）参见 3.2.1 节的第 2 小节的第 2
部分。

（2）参见 3.2.1 节的第 4 小节的第 2
部分。

（3）参见 3.2.1 节的第 6 小节的第 1
部分。

（4）参见 3.2.1 节的第 6 小节的第 2
部分。

3. 上机题

略

第 4 课

1. 选择题

（1）D　　　　（2）C　　　　（3）A

（4）ABD

2. 问答题

（1）参见 4.1.1 节的第 2 小节的第 3
部分。

（2）参见 4.1.1 节的第 4 小节的第 2
部分。

（3）参见 4.2.1 节的第 1 小节和第 2
小节。

（4）参见 4.2.1 节的第 4 小节和第 5
小节的第 3 部分。

3. 上机题

略

第 5 课

1. 选择题

（1）C　　　　（2）B　　　　（3）B

（4）ABD

2. 问答题

（1）参见 5.1.1 节的第 1 小节。

（2）参见 5.1.1 节的第 2 小节。

（3）参见 5.3.1 节的第 2 小节的第 5
部分。

3. 上机题

略

第 6 课

1. 选择题

（1）B　　（2）AB　　（3）ACD

（4）D

2．问答题

（1）参见 6.1.1 节的第 1 小节。

（2）参见 6.2.1 节的第 2 小节。

（3）参见 6.3.1 节的第 3 小节。

3．上机题

略

第 7 课

1．选择题

（1）B　　（2）BD　　（3）AB

（4）B

2．问答题

（1）参见 7.1.1 节的第 2 小节。

（2）参见 7.1.1 节的第 3 小节。

（3）参见 7.1.1 节的第 5 小节。

（4）参见 7.1.1 节的第 6 小节。

3．上机题

略

第 8 课

1．选择题

（1）C　　（2）A　　（3）D

（4）D

2．问答题

（1）参见 8.5.1 节的第 1 小节。

（2）参见 8.5.1 节的第 4 小节。

（3）参见 8.2.1 节的第 3 小节和第 4 小节。

（4）参见 8.2.1 节的第 6 小节。

3．上机题

略

第 9 课

1．选择题

（1）C　　（2）A　　（3）B

（4）D

2．问答题

（1）参见 9.1.1 节的第 2 小节。

（2）参见 9.2.1 节的第 1 小节的第 3 部分。

（3）参见 9.2.1 节的第 3 小节。

3．上机题

略

第 10 课

1．选择题

（1）C　　（2）B　　（3）A

（4）D

2．问答题

（1）参见 10.1.1 节的第 1 小节。

（2）参见 10.1.1 节的第 2 小节的第 1 部分。

（3）参见 10.2.1 节的第 2 小节。

3．上机题

略

第 11 课

略

反侵权盗版声明

电子工业出版社依法对本作品享有专有出版权。任何未经权利人书面许可，复制、销售或通过信息网络传播本作品的行为；歪曲、篡改、剽窃本作品的行为，均违反《中华人民共和国著作权法》，其行为人应承担相应的民事责任和行政责任，构成犯罪的，将被依法追究刑事责任。

为了维护市场秩序，保护权利人的合法权益，我社将依法查处和打击侵权盗版的单位和个人。欢迎社会各界人士积极举报侵权盗版行为，本社将奖励举报有功人员，并保证举报人的信息不被泄露。

举报电话：（010）88254396；（010）88258888

传　　真：（010）88254397

E-mail：dbqq@phei.com.cn

通信地址：北京市万寿路 173 信箱

　　　　　电子工业出版社总编办公室

邮　　编：100036